付表2 関連物理定数表

名　　称	数　　値
真空中の光速度	$c = 2.998 \times 10^8$ m/s
電子の電荷	$-q = -1.602 \times 10^{-19}$ C
電子の静止質量	$m_0 = 9.109 \times 10^{-31}$ kg
電子の比電荷	$q/m_0 = 1.759 \times 10^{11}$ C/kg
電子の古典半径	$r_0 = 2.818 \times 10^{-15}$ m
陽子（水素原子核）の質量	$m_p = 1.673 \times 10^{-27}$ kg
真空中の透磁率	$\mu_0 = 1.257 \times 10^{-6}$ H/m
真空中の誘電率	$\varepsilon_0 = 8.854 \times 10^{-12}$ F/m
プランク定数	$h = 6.626 \times 10^{-34}$ J·s
ボルツマン定数	$\kappa = 1.381 \times 10^{-23}$ J/K
アボガドロ数	$N_c = 6.022 \times 10^{23}$ mol^{-1}
ボーア半径	$r_1 = 5.292 \times 10^{-11}$ m
リドベリ数	$R_\infty = 1.097 \times 10^7$ m^{-1}
電子のコンプトン波長	$\lambda_C = 2.426 \times 10^{-12}$ m
水素のイオン化エネルギー	$W_i = 13.599$ eV
電子ボルト	1 eV $= 1.602 \times 10^{-19}$ J

（理科年表 2002 年版に準拠）

半導体デバイス工学

―デバイスの基礎から製作技術まで―

安田幸夫 校閲

大山英典・葉山清輝 著

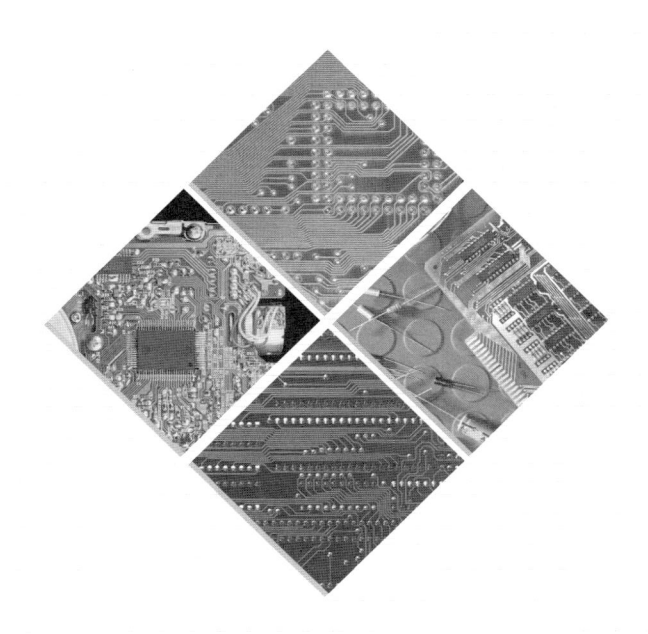

森北出版株式会社

- ●本書のサポート情報を当社Webサイトに掲載する場合があります．下記のURLにアクセスし，サポートの案内をご覧ください．

  https://www.morikita.co.jp/support/

- ●本書の内容に関するご質問は，森北出版 出版部「(書名を明記)」係宛に書面にて，もしくは下記のe-mailアドレスまでお願いします．なお，電話でのご質問には応じかねますので，あらかじめご了承ください．

  editor@morikita.co.jp

- ●本書により得られた情報の使用から生じるいかなる損害についても，当社および本書の著者は責任を負わないものとします．

- ■本書に記載している製品名，商標および登録商標は，各権利者に帰属します．

- ■本書を無断で複写複製（電子化を含む）することは，著作権法上での例外を除き，禁じられています．複写される場合は，そのつど事前に（一社）出版者著作権管理機構（電話03-5244-5088, FAX03-5244-5089, e-mail：info@jcopy.or.jp）の許諾を得てください．また本書を代行業者等の第三者に依頼してスキャンやデジタル化することは，たとえ個人や家庭内での利用であっても一切認められておりません．

はしがき

　トランジスタ(1947年)と集積回路(1958年)の発明によって多くの電子機器やそれらを応用したシステムが誕生した．電子機器は真空管や半導体デバイスなどの能動素子とフィルタ，抵抗，コンデンサなどの受動素子によってつくられているが，現在のほとんどの能動素子は半導体デバイスで占められている．半導体特有の性質を効果的に使ったことで，電子機器の機能や精度ならびに使い勝手は飛躍的に向上したが，これからも半導体デバイスの改良と歩調を合わせて高性能な電子機器が開発されるであろう．

　マイクロエレクトロニクスに代わり，近年の流行語の一つになったナノエレクトロニクスがIT社会を支える基盤技術であることはだれもが認めるところである．情報通信技術の一般への普及によって情報量は急増し，結果として集まった情報を短時間で，かつ高信頼性に処理する必要性が生じてきた．大型化，大衆化した情報システムは生活と密接に関係しており，システムの主要素である半導体デバイスの故障が社会生活に致命的打撃を与えることは容易に予測できる．こうした理由から半導体デバイスの高機能化や信頼性の向上が要求されているのである．

　一方，半導体産業は幅広い技術の集約で，多くの研究者，技術者および製造従事者によって支えられている．しかし，半導体関連技術者は従事業務以外の技術や理論には意外なほど知識が少ないのが現状である．そのような認識から本書では，半導体，とくにシリコン（Si）の諸性質を定性的かつ定量的にわかりやすく解説するとともに，各種デバイスの特性やSi集積回路の設計・製造法をていねいに記述することを念頭においた．一方，現在の先端技術や製造プロセスとの落差をできるだけ感じさせないように，露光技術や多層配線に関する最近の開発動向もトピックスとして紹介した．本書の活用により，デバイス理論だけでなく，またデバイスの製造技術だけでもなく，それら両面を熟知し

た人材が育ち，さらなる半導体産業の飛躍につながることを期待している．

　本書は大学学部，短期大学，工業高専などの学生諸君をおもな読者層として，1991年に発行された『半導体デバイス入門』（森北出版）を基礎に，まず工業高専での豊富な講義経験をもつ大山が執筆内容を企画し，続いて葉山と協力して記述レベルに注意しながら草稿を完成させた．平易でかつ正確さを損なわないように，熊本電波高専の高倉健一郎博士が学生の視点に立って再度記載内容を確認した．単位系には国際単位系（SI）を採用し，記号は通常用いられているものを使用した．

　また，本書は教科書としての利用を念頭においたが，もちろん半導体デバイス方面の理解を深めようとする社会人にとっても有益であると念願している．しかし，著者らの執筆の意図が実現できたかどうかは不安が残り，読者のご叱正とご理解を心からお願いするしだいである．

　終りに，拙稿のご校閲を賜った名古屋大学大学院教授の安田幸夫先生に厚くお礼申し上げます．また，執筆の機会を与えられ，編集上でいろいろお世話になった森北出版の吉松啓視部長に感謝致します．

2004年3月

大山英典
葉山清輝

目　　次

1. 半導体デバイスの歴史とその役割 ································· 1
   1.1 トランジスタの登場 ····································· 1
   1.2 集積回路による技術革新 ································· 2
   1.3 半導体と社会とのかかわり ······························· 4

2. 半導体の諸性質 ·· 6
   2.1 種　　類 ··· 6
      2.1.1 元素半導体と化合物半導体 ························· 6
      2.1.2 真性半導体と不純物半導体 ························· 8
   2.2 電気的性質 ·· 12
      2.2.1 エネルギー帯構造 ································ 12
      2.2.2 固体内の電子と正孔の性質 ························ 16
      2.2.3 電子の状態密度と分布関数 ························ 17
      2.2.4 真性半導体と不純物半導体のキャリア密度 ·········· 19
   2.3 半導体の電気伝導 ······································ 25
      2.3.1 移動度，ドリフト電流および抵抗率 ················ 25
      2.3.2 ホール効果 ······································ 30
      2.3.3 拡散電流 ·· 32
      2.3.4 再結合による電流 ································ 34
      2.3.5 キャリア寿命 ···································· 35
      2.3.6 拡散方程式 ······································ 36
   2.4 深い不純物準位と表面準位 ······························ 37
   演習問題 ·· 39

3. ダイオード ……………………………………………………………………41
3.1 pn接合ダイオード …………………………………………………41
3.1.1 pn接合 ………………………………………………………41
3.1.2 電流-電圧特性 ……………………………………………44
3.1.3 pn接合の空乏層容量 ……………………………………50
3.1.4 ダイオードの降伏 …………………………………………54
3.2 ショットキーダイオード ………………………………………56
3.2.1 金属と半導体の接触モデル …………………………56
3.2.2 電気的特性 ……………………………………………59
3.2.3 ショットキー接触空乏層容量 ………………………60
3.3 種々のダイオード …………………………………………………62
3.3.1 整流・定電圧ダイオード ……………………………62
3.3.2 フォトダイオードと太陽電池 ………………………62
3.3.3 発光ダイオードとレーザダイオード ………………64
演習問題 ……………………………………………………………………66

4. バイポーラデバイス ………………………………………………………68
4.1 バイポーラトランジスタ …………………………………………68
4.1.1 バイポーラトランジスタの構造と接地方式 ………68
4.1.2 動作原理 ………………………………………………70
4.1.3 電流増幅率 ……………………………………………71
4.1.4 バイポーラトランジスタの静特性 …………………74
4.2 ヘテロ接合バイポーラトランジスタ ……………………………76
4.3 電力制御デバイス …………………………………………………77
演習問題 ……………………………………………………………………79

5. ユニポーラデバイス ………………………………………………………80
5.1 分類と特徴 …………………………………………………………80
5.2 MOS形電界効果トランジスタ …………………………………81
5.2.1 MOS構造の性質 ………………………………………81

5.2.2　MOSFETの電気的特性 …………………………………90
　5.3　接合形電界効果トランジスタ ……………………………………95
　5.4　MES形電界効果トランジスタ ……………………………………98
　5.5　HEMT ………………………………………………………………99
　演習問題 …………………………………………………………………100

6. 集積回路 …………………………………………………………101
　6.1　分類と特徴 …………………………………………………………101
　6.2　バイポーラ形集積回路 ……………………………………………103
　6.3　MOS形集積回路 …………………………………………………105
　6.4　Bi-CMOS集積回路 ………………………………………………109
　6.5　集積回路設計技術 …………………………………………………110
　演習問題 …………………………………………………………………114

7. Si半導体デバイスの製作技術 ………………………………115
　7.1　製作工程（前工程） ………………………………………………115
　　7.1.1　クリーンルーム …………………………………………115
　　7.1.2　Siウェーハ ………………………………………………117
　　7.1.3　洗浄工程 …………………………………………………119
　　7.1.4　酸化工程 …………………………………………………122
　　7.1.5　フォトリソグラフィ工程 ………………………………124
　　7.1.6　不純物拡散工程 …………………………………………129
　　7.1.7　成膜工程 …………………………………………………133
　　7.1.8　前工程における最近の技術動向 ………………………135
　7.2　組立行程（後工程） ………………………………………………137
　　7.2.1　ダイシング工程 …………………………………………137
　　7.2.2　マウント工程 ……………………………………………138
　　7.2.3　ボンディング工程 ………………………………………139
　　7.2.4　封入工程 …………………………………………………140
　　7.2.5　検査工程 …………………………………………………142

7.3 Si 半導体デバイスの製作方法 …………………………………143
　7.3.1 Si ダイオードの製作工程 ………………………………143
　7.3.2 バイポーラ Si トランジスタの製作工程 ………………145
　7.3.3 SiMOS 電界効果トランジスタの製作工程 ……………147
　7.3.4 集積回路の製作工程………………………………………149
演 習 問 題 ……………………………………………………………152

演習問題の解答例 ……………………………………………………153
参 考 文 献 ……………………………………………………………162
さ く い ん ……………………………………………………………164

<記号表>

記号	名称	記号	名称
a	格子定数	N	不純物密度
A	面積	N_a	アクセプタ密度
B	磁束密度	N_C	伝導帯の有効状態密度
c	真空中の光速度	N_d	ドナー密度
C	静電容量	N_V	価電子帯の有効状態密度
D	拡散定数	p	正孔密度
E	エネルギー	p_o	熱平衡状態の正孔密度
E_C	伝導帯の下端	p_n	n 形領域の正孔密度
E_F	フェルミ準位	p_{n0}	n 形領域の熱平衡正孔密度
E_V	価電子帯の上端	p_n'	電位障壁を超えてn形領域に達する正孔密度
E	電界	P	圧力
f	周波数	q	電子の電荷量
$f(E)$	フェルミ・ディラックの分布関数	R	抵抗
h	プランク定数	t	時間
$h\nu$	光のエネルギー	T	絶対温度
I	電流	v	速度
I_B	ベース電流	V	電圧
I_C	コレクタ電流	V_d	拡散電位
I_E	エミッタ電流	V_{BE}	ベース・エミッタ電圧
I_D	ドレイン電流	w	長さ,幅
J	電流密度	W	ゲート幅
J_n	電子電流密度	ε_0	真空の誘電率
J_p	正孔電流密度	ε_{0x}	Si 酸化膜の比誘電率
κ	ボルツマン定数	ε_s	半導体の比誘電率
κT	熱エネルギー	τ	寿命
l	長さ	λ	波長
L	ゲート長	θ	角度
m_o	電子の静止質量	ν	振動数
m_n^*	電子の有効質量	μ_n	電子の移動度
m_p^*	正孔の有効質量	μ_p	正孔の移動度
n	電子密度	ρ	抵抗率
n_i	真性キャリア密度	ϕ_M	金属の仕事関数
n_o	熱平衡状態の電子密度	ϕ_S	半導体の仕事関数
n_p	p 形領域の電子密度	χ_s	半導体の電子親和力
n_{p0}	p 形領域の熱平衡電子密度	σ	導電率
n_p'	電位障壁を超えてp形領域に達する電子密度	α	ベース接地時の電流増幅率
		β	エミッタ接地時の電流増幅率

1 半導体デバイスの歴史とその役割

1.1 トランジスタの登場

　半導体工学の前史として忘れてならないものにフレミングによる2極真空管 (1904年) とドフォレによる3極真空管 (1906年) の発明があげられる. 真空管の誕生でラジオや無線通信を中心とした応用分野の裾野は広がり, エレクトロニクス産業が一般に深く浸透した. その後, 真空管主流の時代が約半世紀の間続いたが, 無線通信に不可欠な高周波検波器や電力用整流器の開発に付随して半導体に関する基礎的物性の研究も進行した. すなわち, 真空管の発明がトランジスタ誕生の下地をつくり, 半導体の物性研究をブレークスルーさせたのである.

　半導体産業の幕開けは1948年のアメリカベル研究所におけるショックレー, バーディーン, ブラッテンらによるGe (ゲルマニウム) トランジスタの発明である. 人類初のトランジスタは点接触形であったが (図1.1), 1949年に接合形のGeトランジスタがショックレーによって発明されると, RCA社とレイセオン社で直ちに量産が開始された (1952年). さらに, 東京通信工業 (現ソニー) の井深大によってGeトランジスタがラジオに初めて応用されたのに続いて (1955年), Si (シリコン) トランジスタが登場し (1956年), FET (電界効果トランジスタ: field effect transistor) では構造面の改良も行われた (1957年). このような著しい発明・改良競争と相呼応しながら, 1960年にはSiトランジスタを使ったテレビが市販され, 家庭電化へのトランジスタ製品の普及が一気に加速されたのである.

2　1. 半導体デバイスの歴史とその役割

図1.1 点接触形ゲルマニウムトランジスタの様子

1.2 集積回路による技術革新

　集積回路（integrated circuit : IC）の発明で半導体産業は大きな飛躍を遂げた．Si–IC は Si 酸化膜によって塵やガスなどの汚染物から内部素子を保護するホーニーのアイデア（プレーナ構造）を拡張して，モノリシック，すなわち 1 つのチップ上に載せた複数のトランジスタや抵抗器を相互に接続して一体化するノイスのアイデア（プレーナ特許）が基本となっている（図 1.2）．1959 年にはノイスとムーアが具体的なトランジスタや抵抗器の形成方法を考案したが，これに先立って，1952 年にはデュマーも電子部品の信頼性向上の見地から，機能は増えるが部品点数や接続点数が少ない機能デバイス，すなわち IC

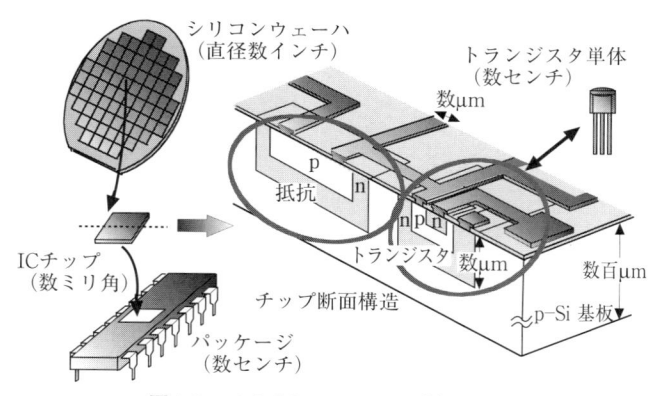

図1.2 モノリシック IC の一例

の概念を発表している．

このアイデアを利用してRCA社とIBM社がハイブリッドICなどの種々の機能性電子部品を市販した．一方，キルビーによっても半導体基板の上に抵抗などの受動素子やトランジスタなどの能動素子を1つのチップ上につくり込む（キルビー特許）ICの基本技術が1958年に考案されている．ICへのキルビーの貢献は大きいが，ノイスらの具体的な発案がなければ，モノリシックICや集積度を上げながら高機能化・高信頼化・低消費電力化を図り，かつ大量生産によって低価格化を実現した今日の半導体産業は存在しえなかったであろう．

種々の発明や改良を重ねて，1962年にはカニングがSi–MOS（metal–oxide–semiconductor）ICを開発した．それまではバイポーラICが主流であったが，構造が簡単で，しかも工程数が少ないMOS ICが集積度の増加とともにバイポーラICとその地位を逆転していった．続いて，1トランジスタ形MOS–DRAM（dynamic random access memory）のアイデアが考案されると（1968年），数々のデバイス構造の改良を経てインテルで1kビットDRAMが，ベル研究所でCCD（charge coupled device）がそれぞれ開発されている（1970年）．

従来，コンピュータのメインメモリには磁気メモリが使われていたが，DRAMの発明で磁気メモリと置き換わった．DRAMは1976年には64kビットが，1982年には1Mビットがそれぞれ開発され，「メガ」の時代に突入していった．現在では，256MビットのDRAMが市場に出回り，「ギガ」クラスメモリも試作されている．

メモリの進歩と歩調を合わせて，1971年には4ビットマイクロプロセッサ（MPU：micro processor unit）が開発され，1975年には8ビットが，続いて1981年には16ビットとその集積度が向上していった．このようにチップの微細化と高集積化は3年で約4倍の割合で進み，ICからLSIに，VLSIからULSIへと発展していった．同時に，半導体市場はトランジスタ時代のテレビ，ラジオから大型コンピュータ，PC，電卓，通信機器，家電製品とあらゆる電子機器へと拡大した．PCや携帯電話，電卓，TVゲームなどは真空管やトランジスタの時代には存在できなかったが，MPUによって半導体デバイスにソフトが搭載されて初めて実現したのである．そして，2002年には第3世

代の 64 ビット MPU が発表された（図 1.3）．これには銅配線が施され，動作速度は 1.1 GHz である．

　トランジスタやダイオードを集積化することで複数の機能をもつシステムを 1 つの IC チップ上にまとめ，かつ微細加工レベルを上げることで高集積化することが可能になった．このために，高機能化・高付加価値化を得ると同時に，小型・軽量化と低消費電力化が保証され，一つの機能当たりの IC の価格は低下した．併せて，地上に無尽蔵にある Si を使用することで，原材料が安く，かつ大量に生産する方法によって一気にコストダウンが実現した．すなわち，半導体デバイスの集積化が電子機器の低コスト化を加速し，大衆化を促進したのである．さらに，小さくて軽い，しかも安くて高機能な電子機器の本格的な普及にも拍車がかかり「高集積化と大量生産化で機能を向上させながらコストが下がる」という理想的で好循環な経済サイクルが完成したのである．

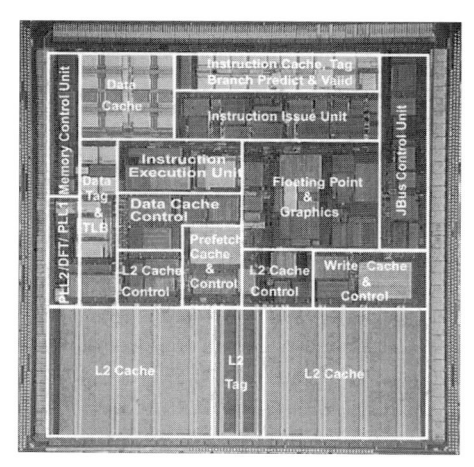

図 1.3　第 3 世代 64 ビットマイクロプロセッサの外観

1.3　半導体と社会とのかかわり

　トランジスタが発明されて約半世紀が経過したが，その間半導体産業はエレクトロニクス産業の中核をなし，チップ規模で 15 兆円，マイクロプロセッサ

の登場よってソフトが搭載された応用製品も含めれば世界市場100兆円にまで発展してきた．エネルギーや物質は有限だが，情報量は無限で庶民の情報に対する欲求も無限大である．このことが一つの機能当たりのICの価格は著しく低下しているにもかかわらず，半導体の市場規模がつねに高い成長をし続けていける要因の一つである．

　半導体産業の重要性が増し，Siがかつての鉄に代わって「産業の米」といわれるようになって久しい．ICのほとんどがSiからつくられており，しかもSiが地球上に存在する物質で2番目に多いために，現在の半導体時代は「ケイ石器時代」とも呼ばれることがある．これまでの絶え間ない技術革新によって半導体産業は順調にかつダイナミックに成長してきた．すなわち，加工サイズの微細化とチップ当たりの集積度の増加が半導体デバイスの機能や性能を幾何級数的に向上させ，同時に，さまざまな電子機器においてもその機能をすべてチップに取り込んでいった．こうしたICの機能の向上があらゆるエレクトロニクス機器の技術革新の源流になっていることを忘れてはならない．

　一方，ICを複雑化する社会環境に技術革新が対応していくために生まれた社会的，歴史的必然性の副産物としてもとらえることができる．50年前のラジオ受信機が10数個の部品でできていたのに比べると，最新の電子機器には億に近い膨大な数の構成素子が使われている．社会的要請に応じて指数関数的に構成素子が大型化・複雑化していく電子装置の進化の様子がうかがえる．さらには，ICにソフトが組み込まれ，電子機器が知識をもった．

　計測，制御，計算，ノウハウ，画像処理などさまざまな人類の知恵が爪の先ほどのチップに組み込まれ，電子機器の高付加価値化，高機能化に貢献していった．かつては，一部のエリートに独占されていた情報機器が半導体によって大衆化された．また，半導体デバイスは真空管に比べて小型・軽量，低消費電力であり，この特徴が電子機器の軽薄短小をもたらした．同時に，電子機器は飛躍的に使い勝手がよくなり，機器の高効率，省エネ，安全性も向上した．もし半導体デバイスが家電製品やメディアと無関係であったならば，これほどの半導体産業の発展は実現しなかったであろう．

2 半導体の諸性質

2.1 種　類

2.1.1 元素半導体と化合物半導体

　種々の物質の中で，銅やアルミニウムのように電気をよく通すものを導体（conductor），ゴムやセラミックのようにほとんど電気を通さないものを絶縁体（insulator）と呼ぶ．半導体（semiconductor）は導体と絶縁体の中間の性質をもっている．このように，物質によって電気の流れやすさが異なるのは，物質固有の抵抗の大きさの違いに起因している．すなわち，抵抗が大きいほど電流は流れにくくなり，抵抗が小さくなるほど電流は多く流れる．この性質を利用すれば，いろいろな物質を抵抗の大きさによって「導体～半導体～絶縁体」に分類することができる．ただし，同じ物質（材料）からできていても，抵抗の大きさは形状（長さと断面積）によって異なるので，実際には物質固有の性質としての抵抗率で比較する．

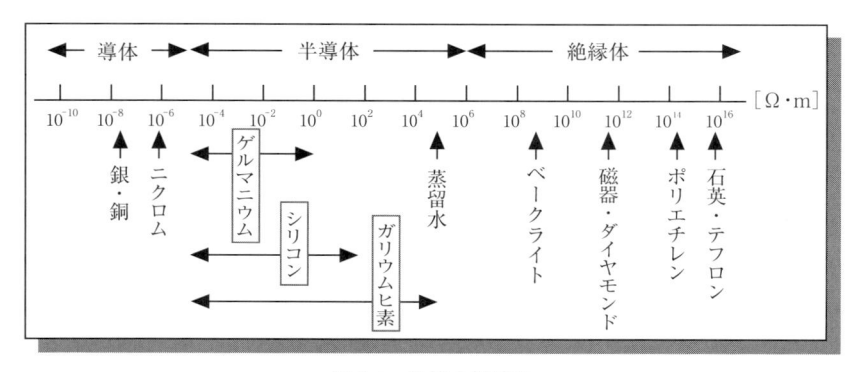

図 2.1　物質の抵抗率

図2.1に示すように半導体の抵抗率は 10^{-5} から 10^6 Ω·m まで広い範囲に分布している．抵抗率に隔たりがあるのは，同じ半導体であっても，状態によって抵抗率が大きく変化するためである．半導体の抵抗率は温度の上昇とともに減少する．この特徴は半導体を構成している元素の種類とそれらの結合形態によって決まるが，いろいろな物理現象にかかわっている電子のエネルギーバンドギャップの大きさがそれぞれの半導体で異なっていることがおもな原因である．抵抗率を広範囲にわたって変化させることが可能であることが，半導体のもう一つの特徴である．基板材料と異なるごく微量の元素（不純物元素と呼ぶ）を半導体に添加することによって，その抵抗率の大きさや性質を制御できる．このことによって多種多様な半導体デバイスをつくることができる．

今日，最も一般に使われている半導体はIV族のSi（シリコン）元素単体で構成された結晶である．集積回路（IC）の90％以上はSi半導体でつくられている．Ge（ゲルマニウム），C（炭素）も元素単体で半導体となる．このようにIV族元素単体で半導体の性質をもつものを元素半導体と呼ぶ．

次によく使われている半導体がGaAs（ガリウムヒ素）に代表される2種類以上の元素で構成された化合物半導体である．マイクロ波発信機用ダイオードやレーザダイオードなどは化合物半導体の独壇場である．GaAsのほかにGaP

表2.1 半導体の種類

種類	記号	バンドギャップ [eV]室温	結晶構造	エネルギー帯構造	融点 [℃]	おもな用途
元素	C	5.47	ダイヤモンド	間接	なし（昇華）	耐環境デバイス（未来型）
	Si	1.11	ダイヤモンド	間接	1 420	集積回路，Tr，高周波Tr
	Ge	0.69	ダイヤモンド	間接	937	赤外線検出器，D
IV-IV	β-SiC	2.23 (3C)	せん亜鉛鉱	間接	なし（昇華）	高周波FET,Tr（近未来型）
	α-SiC	2.93 (6H)	ウルツ鉱	間接	なし（昇華）	大電力・高温用Tr（近未来型）
III-V	GaAs	1.43	せん亜鉛鉱	直接	1 237	レーザD,高周波Tr,太陽電池
	GaP	2.26	せん亜鉛鉱	間接	1 465	発光D（赤）
	GaN	3.39	ウルツ鉱*	直接	なし（昇華）	発光D，レーザD（青紫）
	InP	1.35	せん亜鉛鉱	直接	1 062	高温FET
II-VI	CdS	2.42	ウルツ鉱*	直接	1 365	光検出器
	ZnS	3.66	ウルツ鉱*	直接	1 830	発光D

Tr：トランジスタ，D：ダイオード，FET：電界効果トランジスタ
*せん亜鉛鉱形もある．

（ガリウムリン），InP（インジウムリン），GaN（窒化ガリウム）なども発光ダイオードや可視光レーザに使われている．これらはⅢ族とⅤ族元素の化合物で総称してⅢ-Ⅴ族化合物半導体と呼ばれる．そのほかにも CdS（硫化カドミウム）や ZnS（硫化亜鉛）などのⅡ-Ⅵ族化合物半導体が光検出器や青色発光ダイオードに使われている．半導体の種類とそれらの固有の性質やおもな用途を整理したのが表 2.1 である．

2.1.2 真性半導体と不純物半導体

元素半導体を例に説明する．Si や Ge のような元素半導体は図 2.2 に示すようなダイヤモンド構造と呼ばれる結晶構造をもっている．図中の a は格子定数と呼ばれ，Si の a は 0.543 nm である．ダイヤモンド構造では 1 個の原子と最短距離（最近接距離といい，この場合 $\sqrt{3}a/4$）の位置にある 4 個の原子が正四面体を構成している（図中の白の原子）．この 4 個の原子は四面体の中心にある 1 個の原子とそれぞれ共有結合で結ばれている．

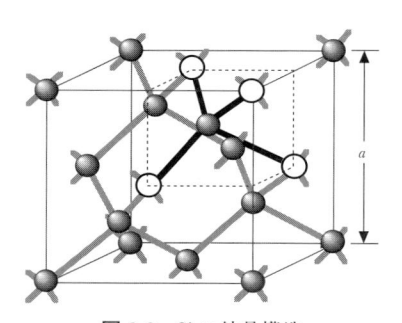

図 2.2 Si の結晶構造

Si は 14 個の電子（殻電子）をもっており，最も内側の殻（K 殻）に 2 個，次の殻（L 殻）に 8 個，最も外側の殻（M 殻）に 4 個の電子（価電子：valence electron）が存在している（図 2.3(a)）．Si 原子どうしが結合する場合は最外殻の電子を 1 個ずつ出し合って（2 個の電子がペアとなって）共有結合をつくる必要がある．Si は 1 個の Si 原子が 4 本の結合手をもち，それぞれの Si 原子が周りの 4 個の Si 原子と電子ペアをつくりながら共有結合で結び付いているために非常に安定している（図 2.3(b)）．

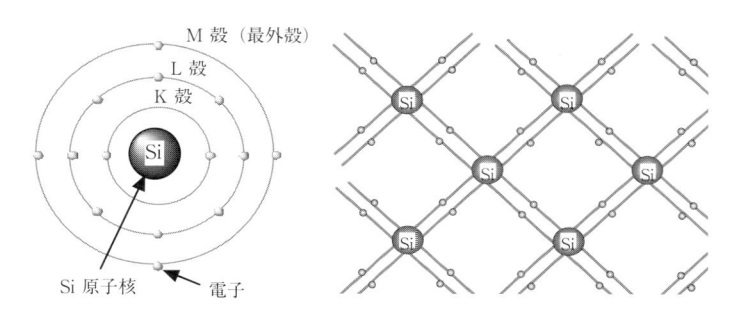

(a) 原子模型　　　　　(b) 共有結合の様子

図 2.3　Si の原子模型と共有結合の様子

　不純物を含まずに周期的な格子配列をもっている半導体を真性半導体（intrinsic semiconductor）という．極低温ではすべての電子は原子に拘束された状態にあり，真性半導体は絶縁体のような性質を示す．図 2.4 のように，外部から熱や光などがエネルギーとして共有結合を形成している電子に与えられると，一部の電子は拘束されていた共有結合状態から自由に動き回れるようになる．
　この電子を自由電子（free electron）といい，それと同時に電子が抜けた孔が残される．この孔は正の電荷をもつ粒子のように振る舞い，その運動が電流に寄与するので，正孔（hole）という．真性半導体では電子と正孔は対になって生成され（電子－正孔対の生成），電子と正孔はそれぞれ負と正の電荷を運ぶ担体の役割をはたすので，両者を合わせてキャリア（carrier）と呼んでいる．

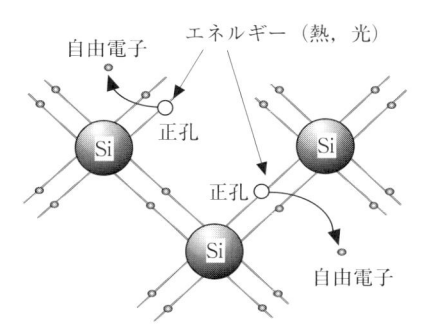

図 2.4　電子－正孔対の生成

真性半導体に存在するキャリアは外部から与えられたエネルギーによって励起された電子と正孔のみである．すなわち電子と正孔の密度（単位体積当たりのキャリア数）を n_0, p_0 とすると真性半導体では両者は等しく，次のように書くことができる．

$$n_0 = p_0 = n_i(T) \quad (T \text{ は絶対温度}) \tag{2.1}$$

ここで，n_i を真性キャリア密度といい，熱平衡状態では n_i は温度で決まる一定値となっている．

これは熱的励起によるキャリアの発生だけでなく消滅過程も存在し，発生と消滅の割合が釣り合い，結果としてキャリアの密度が一定に保たれているためである．結晶中を無秩序（ランダム）に運動している電子が偶然に正孔と出あうとそれらは結合して，両者はともに消滅する．この消滅過程を電子-正孔の再結合過程という（再結合過程については後に詳しく述べる）．真性半導体ではキャリア密度が温度に対して敏感に変化するので密度を制御することが難しく，実用的な観点からデバイスに利用されることは少ない．真性半導体にある種の不純物元素を添加（doping：ドーピング，または単にドープ）することにより半導体中にキャリアを新しくつくることができ，半導体の抵抗率を自由に変えることができる．このような半導体を不純物（外因性）半導体（extrinsic semiconductor）という．不純物を選択することにより，電子または正孔の一方だけが多くなるようにドーピングすることも可能である．電子の密度が正孔のそれより多くなるように不純物がドープされた半導体を n 形半導体（n-type semiconductor），反対に正孔が多くなるように不純物がドープされた半導体を p 形半導体（p-type semiconductor）と呼ぶ．不純物半導体において，密度の高いほうのキャリアを多数キャリア，密度の低いほうを少数キャリアと呼んでいる．n 形半導体においては電子が多数キャリア，正孔が少数キャリアであり，p 形半導体ではその逆となる．

（a）　n 形半導体

Si 結晶に V 族の不純物元素，通常は P（リン）または As（ヒ素）を少量ドープすると，これらの元素（この場合は P）は Si の格子点で Si 原子と置換して結晶格子の一部となる（V 族および III 族の元素は Si 中で置換位置に入る．

図中ラベル:
- P原子の5番目の価電子
- $-q$
- イオン化したドナー原子
- P原子は5個の価電子のうち4個で周囲のSi原子と共有結合する．第5番目の価電子はイオン化したP$^+$イオンと弱く結合している．

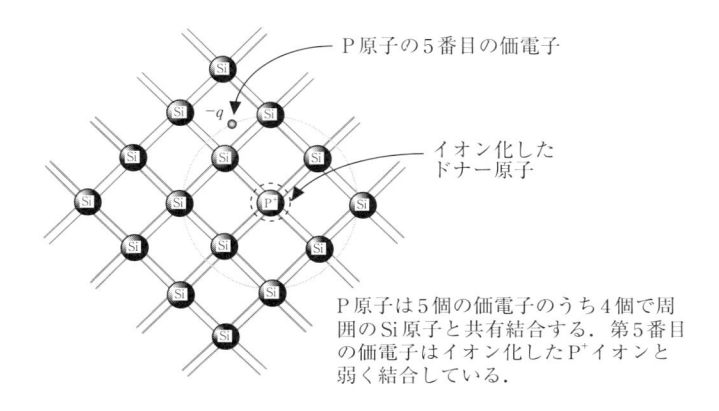

図 2.5 n形半導体

このような元素を置換形不純物という）．この様子を模式的に示したのが図2.5である．

P原子は5個の価電子をもっているので，そのうちの4個が隣接するSi原子との共有結合に使われる．結合に関与しない第5番目の価電子はP$^+$イオンとゆるく結合している．この電子の給合エネルギーはSiの大きな誘電率のため十分小さいので，電子は容易に結合を離れて結晶中を自由に運動できるようになる．すなわち，1個のP原子が1個の自由電子を結晶に与える（donate）のである．この不純物原子（V族元素）をドナー（donor）原子または単にドナーと呼び，ドナーをドープされた半導体をn形半導体という（キャリアが負電荷（negative charge）をもった電子であることから，n形と呼んでいる）．

（b） p形半導体

III族原子，たとえば，B（ホウ素）原子をSiにドープすると置換位置に入り，隣接した3個のSiと共有結合をする．B原子は小さいエネルギーで周囲の価電子を1個受け取り（accept），結晶中に1個の正孔を放出する．このIII族不純物をアクセプタ（acceptor）と呼び，アクセプタをドープした半導体をp形半導体という（正電荷（positive charge）をもつ正孔がおもなキャリアになることからこの名前がついている）．p形半導体の様子を図2.6に示す．この場合はBイオンと正孔がゆるく結合しており，正孔は結合を離れて自由に

Siを置換したB原子は隣接した3個のSiと共有結合し、さらに1個の価電子を周囲から受け取り正孔を放出する。正孔は負に帯電したB⁻イオンと弱く結合している。

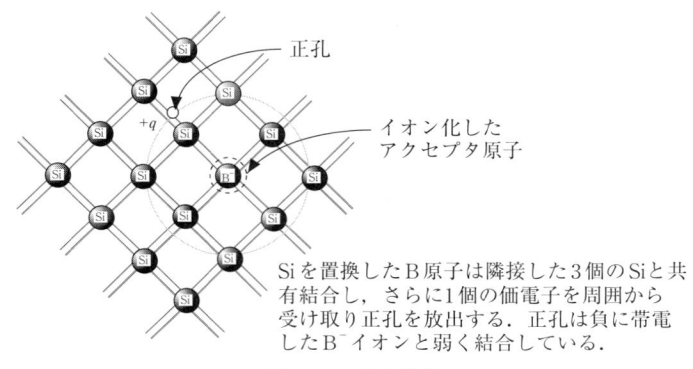

図2.6 p形半導体

動き回ることができる。

2.2 電気的性質

2.2.1 エネルギー帯構造

半導体の電気的性質はすべて電子の挙動によって決定される。半導体を流れる電流の大きさや半導体から放出される光の波長などを説明する前に、最も簡単な原子構造である水素原子の電子がもつエネルギーを計算してみる。

負の電荷をもつ電子は、原子核がもつ正電荷と釣合いがとれて原子核に拘束されている。また電子は粒子性と波動性の両面性をもち、ド・ブロイの関係 ($\lambda = h/p$) を満たす物質波が定在波をつくる軌道上に存在する。ボーア (Bohr) の水素モデルによると電子の運動は次のように仮定をすることができる。

【仮定】
① 電子は原子核の周りを円軌道運動する。
② 電子は特定の軌道上でのみ安定な運動を続けることができ、軌道上の電子の角運動量はつねに$h/2\pi$ (hはプランク (Planck) 定数) の整数 (n) 倍である。
③ 電子の全エネルギーは運動エネルギーとポテンシャルエネルギーの和で与えられる。

仮定①より電子に作用するクーロン力と遠心力の釣合いの式は，

$$\frac{1}{4\pi\varepsilon_0}\frac{q^2}{r^2}=\frac{m_0 v^2}{r} \tag{2.2}$$

この式で，

ε_0：真空の誘電率　　q：電子の電荷　　r：円軌道の半径
m_0：電子の静止質量　　v：電子の速度

である．次に仮定②は，

$$m_0 vr = n\frac{h}{2\pi} \tag{2.3}$$

と書ける．一方，仮定③から電子の全エネルギー（運動エネルギーとポテンシャルエネルギーの和）E_nは，

$$E_n = \frac{1}{2}m_0 v^2 + \left(-\frac{q^2}{4\pi\varepsilon_0 r}\right) \tag{2.4}$$

となり，式(2.2)と式(2.3)を式(2.4)に代入することから，

$$E_n = -\frac{m_0 q^4}{8\varepsilon_0^2 h^2 n^2} = -\frac{13.6}{n^2}[\text{eV}] \quad (n=1,\ 2,\ 3,\ \cdots) \tag{2.5}$$

が得られる．電子のエネルギーは$n=1$（基底準位）では$E_1=-13.6\,\text{eV}$で，このとき原子は基底状態にあるという．$n=2$（第1励起準位）のときは$E_2=-3.4\,\text{eV}$で，nが2以上の原子は励起状態にあるという．このように量子数nの値により電子のエネルギーは飛び飛びの（離散的な）値となり，電子がとりうる離散的なエネルギーの値をエネルギー準位という．

次に，水素原子が2個の場合について考える．図2.7は2個の水素原子が無限遠の距離から近づいて水素分子を形成するときの電子のエネルギー準位の変化を示している．孤立した状態の原子では基底状態(1s準位)のエネルギー準位に1個の電子が配置されている．原子が近づくと原子間の相互作用が起こり，電子のスピン（自転）が異なる向きのときエネルギーが低く，スピンが同じ向きのときエネルギーが高くなることから，2通りのエネルギー準位が現れる．

Si原子においても，単独で存在しているときと結晶中のように複数個存在するときとでは異なるエネルギー状態をとる．Si結晶中の電子の状態について以下に述べる．2.1.1項で述べたようにSi原子は結合に関与する電子（価

14 2. 半導体の諸性質

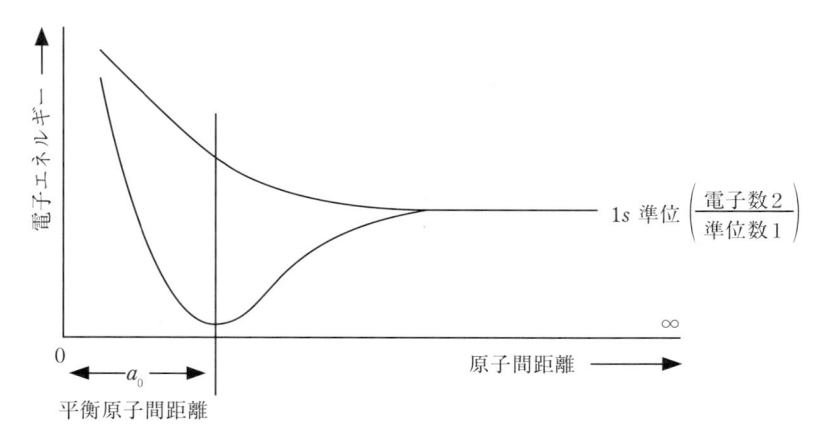

図2.7 水素原子2個のエネルギー準位

電子という）を4個もち，2個の電子がそれぞれ二つのエネルギー準位に配置されている（低いほうから3s，3p準位と呼ぶ）．

図2.8はSi原子が集まってダイヤモンド構造を形成するときの原子間距離

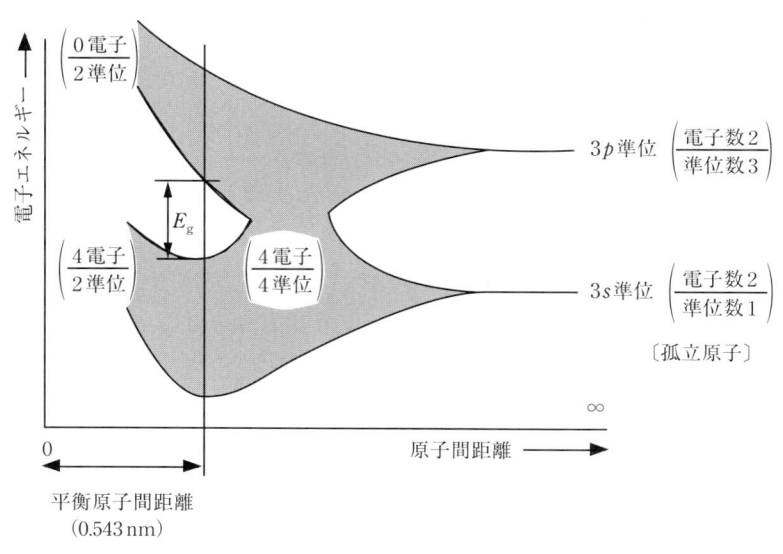

図2.8 Si結晶のエネルギー帯構造（原子1個当たり）

と，結合に寄与する電子のエネルギー準位との関係を示したものである．Si原子が接近するにつれて 3s，3p 準位は分裂してエネルギー帯（energy band）を形成するようになる．十分低温においては，4個の価電子は低いほうのエネルギー帯内に配置されており，下のエネルギー帯を価電子帯（valence band），上のエネルギー帯を伝導帯（conduction band）と呼び，価電子帯と伝導体は電子の占有が許される許容帯である．

価電子帯のすべてのエネルギー準位は電子で占有されているので，このエネルギー帯を充満帯（filled band）とも呼ばれる．価電子帯と伝導帯は電子のエネルギー準位が存在しない領域で隔てられており，このエネルギー領域を禁制帯（forbidden band），このエネルギー幅を禁制帯幅（エネルギーギャップまたはバンドギャップ）という．

物質の導電性はそれぞれのもつエネルギー帯構造によって説明できる．図2.9 は絶縁体，半導体，導体のエネルギー帯構造を模式的に表したものである．絶縁体では原子間の結合力が強く，結合を切断するためには大きいエネルギーを必要とする．そのために電流を運ぶ自由電子の数が極端に少なく絶縁性を示す．半導体の場合は電子で充満した価電子帯と空の伝導帯とで構成されているが，半導体の原子間の結合力が比較的小さく，原子の熱振動による熱エネルギーで結合が切断されやすい．

その結果として，共有結合に関与していた電子が原子の拘束から離れ（いいかえると，自由電子となって伝導帯に移る），結晶中を自由に移動できるよう

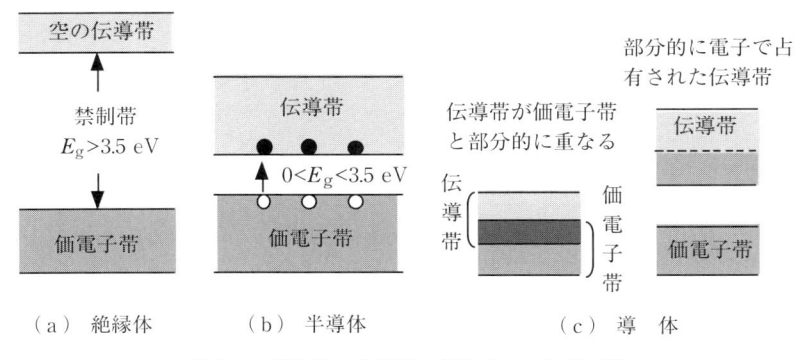

図 2.9 絶縁体，半導体，導体のエネルギー帯

になる．導体では伝導帯の一部が電子で満たされているか，または価電子帯と重なって一つのエネルギー帯をつくっているので，電界が加えられると伝導帯の電子は加速され，運動エネルギーを自由に増加させることができる．電界中を電子が移動するので，すべての電子は伝導に寄与することができる．

2.2.2 固体内の電子と正孔の性質

結晶中を運動する電子は，結晶中の原子によるポテンシャルにより周期的な外乱を受ける．このために電子が外部電界によって力を加えられた場合は，真空中とは異なる加速度運動をする．このとき結晶中を移動する電子は静止質量と異なる質量をもつと考え，これを電子の有効質量 m^*（effective mass）と定義する．有効質量を定義することで結晶中の電子も実効的に質量 m_n^* の自由電子として，外力を受けて運動すると考えることができる．Siの場合，電子と正孔の有効質量 m_n^* と m_p^* はそれぞれ $0.33\,m_0$, $0.52\,m_0$ で静止質量（m_0）より小さい．

図 2.10 は電子が価電子帯から伝導帯に励起する様子を表している．価電子帯中の電子が抜けた穴が正孔である．価電子帯の低いエネルギー準位に正孔がつくられた場合，この準位より上の電子が直ちにこの空の準位を占めるので，正孔は上端のエネルギー準位へと移ることができる．このようにして電子と正孔はよりエネルギーの小さい状態に変化して安定となるのである．エネルギー帯図では電子のエネルギーは上向きに増加するが，正孔のエネルギーは下向き

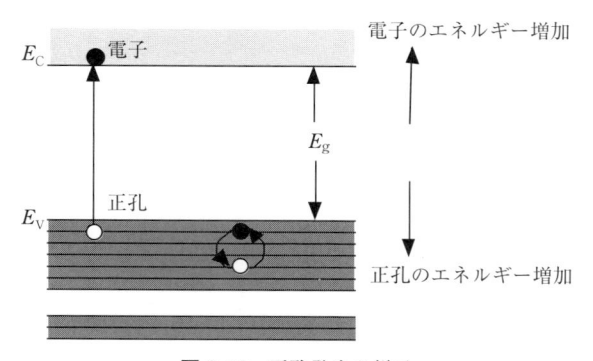

図 2.10　正孔発生の様子

に増加することを注意する必要がある．正孔も電子と同様に，結晶中では有効質量をもって外部電界に応じて自由粒子として運動すると考えることができる．

2.2.3 電子の状態密度と分布関数

半導体デバイスの動作を解析するためには，単位体積中の電子や正孔の密度，すなわちキャリア密度を計算する必要がある．先に述べたように価電子帯や伝導帯は電子がもつことができるいくつもの許容準位が集まったものと考えることができる．以下，それぞれのエネルギー準位に配置される電子の状態密度（簡単には個数）と分布確率（簡単には存在する確率）ならびにそれらから導かれる電子と正孔の密度について順に説明する．

伝導帯下端のエネルギーをE_c，価電子帯上端のエネルギーをE_vとすると伝導帯において電子のとりうる状態密度および価電子帯において正孔のとりうる状態密度はそれぞれ次式で表される．

$$g_c(E) = 4\pi \left(\frac{2m_n^*}{h^2}\right)^{3/2} (E - E_c)^{1/2} \quad (E > E_c)$$
$$g_v(E) = 4\pi \left(\frac{2m_p^*}{h^2}\right)^{3/2} (E_v - E)^{1/2} \quad (E < E_v) \tag{2.6}$$

この式から電子や正孔のとりうる状態は伝導帯と価電子帯中に一様に分布しているのではなく，図2.11に示すように電子や正孔のもつエネルギーの関数として変化することがわかる．

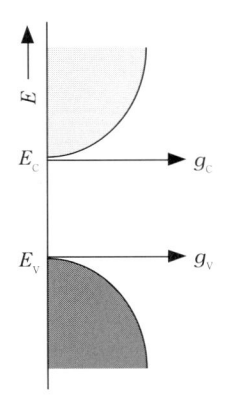

図 2.11 伝導帯と価電子帯の状態密度

一方,固体中の電子は互いが区別できず,またパウリ(Pauli)の排他律に従って一つの量子状態には1個しか入れず,エネルギー E をもつ電子は次のフェルミ・ディラックの分布関数(Fermi–Dirac distribution function)(または,簡単にフェルミ分布関数)に従う.

$$f(E) = \frac{1}{1 + \exp\left(\dfrac{E - E_\mathrm{F}}{\kappa T}\right)} \qquad (2.7)$$

ここで,κ はボルツマン(Boltzmann)定数,T は絶対温度[K]である.E_F はフェルミ準位(フェルミエネルギー)と呼ばれるエネルギー準位であり,電子の占有確率が1/2になるエネルギー値と考えることができる.

図2.12にはフェルミ分布関数 $f(E)$ の温度依存性を示している.図からわかるように,$T=0$ K のとき $E<E_\mathrm{F}$ の領域で $f(E)=1$,$E>E_\mathrm{F}$ の領域で $f(E)=0$ となる.これは E_F より小さいエネルギー準位はすべて電子によって占有されており,E_F より大きいエネルギー準位では電子が存在しないということを意味している.温度が上昇して $T>0$ K では,E_F より大きいエネルギー準位でも電子が占有する可能性が大きくなり,また E_F より小さいエネルギー準位に電子が存在しない可能性 $\{1-f(E)\}$ が大きくなる.つまり,E_F 近傍の電子は熱エネルギーを得て E_F より大きいエネルギーを占有し,その結果として空席を残すのである.

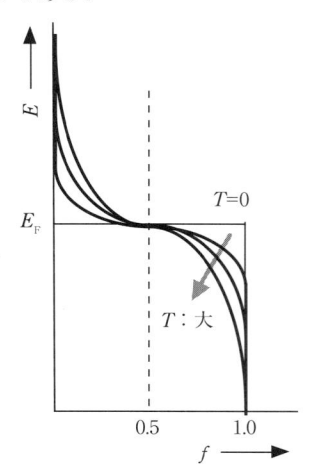

図 2.12　フェルミ・ディラックの分布関数

2.2.4 真性半導体と不純物半導体のキャリア密度

伝導帯のエネルギー E と $(E+dE)$ の間に存在する電子の密度 n_0 は，伝導帯の状態密度 $g_C(E)dE$ と分布関数 $f(E)$ との積で表される．

$$n_0 = \int_{E_C}^{\infty} g_C(E) f(E) dE \tag{2.8}$$

伝導帯のエネルギー範囲において $\exp\{(E-E_F)/\kappa T\} \gg 1$ の場合には，フェルミ分布関数は $f(E) \cong \exp\{-(E-E_F)/\kappa T\}$ で近似され，$x=(E-E_C)/\kappa T$ とおくと式(2.8)は次のように変形できる．

$$n_0 = 4\pi \left(\frac{2m_n^*}{h^2}\right)^{3/2} (\kappa T)^{3/2} \exp\left(-\frac{E_C-E_F}{\kappa T}\right) \int_0^{\infty} x^{1/2} \exp(-x) dx \tag{2.9}$$

積分公式より右辺の積分項は $\sqrt{\pi}/2$ となるので，n_0 は次式となる．

$$n_0 = N_C \exp\left(-\frac{E_C-E_F}{\kappa T}\right)$$

ただし，

$$N_C = 2\left(\frac{2\pi m_n^* \kappa T}{h^2}\right)^{3/2} \tag{2.10}$$

である．ここで，N_C は伝導帯の有効状態密度と呼ばれる．（より詳しい解析によれば，）室温(300 K)における Si の N_C は 2.8×10^{25} m^{-3} と計算される．

同様に価電子帯の正孔密度 p_0 は次式で表される．

$$p_0 = \int_{-\infty}^{E_V} g_V(E) \{1-f(E)\} dE \tag{2.11}$$

価電子帯ではフェルミ分布関数は $\exp\{-(E_F-E)/\kappa T\} \ll 1$ の場合には $f(E) \cong 1 - \exp\{-(E_F-E)/\kappa T\}$ で近似され，式(2.11)を計算すると次のようになる．

$$p_0 = N_V \exp\left(-\frac{E_F-E_V}{\kappa T}\right)$$

ただし，

$$N_V = 2\left(\frac{2\pi m_p^* \kappa T}{h^2}\right)^{3/2} \tag{2.12}$$

である．また，N_V は価電子帯の有効状態密度と呼ばれる．室温の Si での N_V の計算値は $1.02 \times 10^{25}\,\mathrm{m^{-3}}$ である．

いま，n_o と p_o の積をとると，

$$n_o p_o = N_C \exp\left(-\frac{E_C - E_F}{\kappa T}\right) \cdot N_V \exp\left(-\frac{E_F - E_V}{\kappa T}\right) = N_C N_V \exp\left(-\frac{E_g}{\kappa T}\right)$$

$$= 4\left(\frac{2\pi\kappa T}{h^2}\right)^3 (m_n^* m_p^*)^{3/2} \exp\left(-\frac{E_g}{\kappa T}\right) \tag{2.13}$$

となる．ここで $E_g = E_C - E_V$，すなわちバンドギャップである．この式よりキャリア密度の積は半導体が決まれば温度 T のみの関数となることがわかる．この式は真性，n 形，p 形半導体によらず成り立つ．

（a）真性半導体

真性半導体では式(2.1)から $n_o = p_o = n_i$ であるから，熱平衡状態では電子密度と正孔密度の積はつねに次式のように表される．

$$n_o \cdot p_o = n_i^2 \tag{2.14}$$

この関係式は一定温度における電子と正孔の再結合（$n_o \cdot p_o$ に比例）と電子–正孔対の熱生成（n_i^2 に比例）が等しいことを意味している．

温度 T における真性半導体のキャリア密度 n_i は式(2.13)から次のように表される．

$$n_i(T) = 2\left(\frac{2\pi\kappa T}{h^2}\right)^{3/2} (m_n^* m_p^*)^{3/4} \exp\left(-\frac{E_g}{2\kappa T}\right) \tag{2.15}$$

すなわち，n_i は温度 T の関数であり，$E_g/2$ の活性化エネルギーをもつ．Si の室温（300 K）における真性キャリア密度は約 $1.6 \times 10^{16}\,\mathrm{m^{-3}}$ と計算でき，金属（$\sim 10^{28}\,\mathrm{m^{-3}}$）に比べてきわめて少なく，電流はほとんど流れない．真性半導体の E_F は式(2.10)と式(2.12)が等しいとおいて次式から求められる．

$$E_F = E_i = \frac{E_C + E_V}{2} + \frac{\kappa T}{2} \ln\left(\frac{N_V}{N_C}\right)$$

$$= \frac{E_C + E_V}{2} - \frac{3\kappa T}{4} \ln\left(\frac{m_n^*}{m_p^*}\right) \tag{2.16}$$

特別な高温でない限り第2項は第1項に比べて十分小さく，真性半導体のフェルミ準位 E_F は禁制帯のほぼ中央にある．また $m_p^* > m_n^*$ なので，フェルミ準位は温度の上昇とともに伝導帯側にシフトする．真性半導体のキャリア密度は温度に対して指数関数的に増加するので（式(2.15)），キャリア密度を制御することが難しい．それで一般のデバイスには真性半導体に不純物をドープしてキャリア密度が決定された不純物半導体が用いられる．真性半導体のエネルギー帯図，状態密度，フェルミ分布関数およびキャリア密度分布を図 2.13 にそれぞれ示す．

（a）エネルギー帯　（b）状態密度　（c）フェルミ分布関数　（d）キャリア密度分布

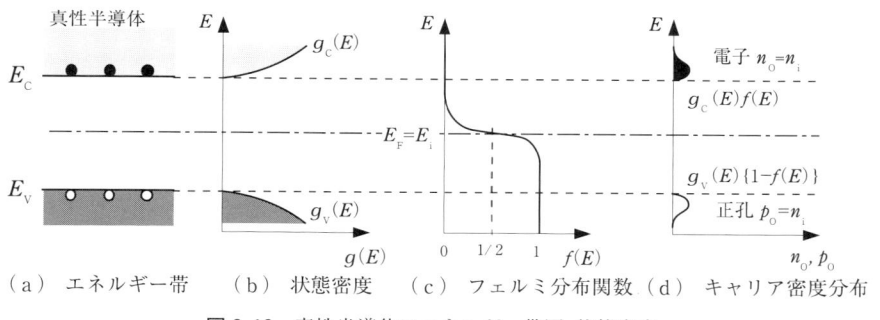

図 2.13　真性半導体のエネルギー帯図, 状態密度, フェルミ分布関数およびキャリア密度分布

（b）　n 形半導体

図 2.14 に示すように，n 形半導体中のドナー不純物は伝導帯の下にドナー

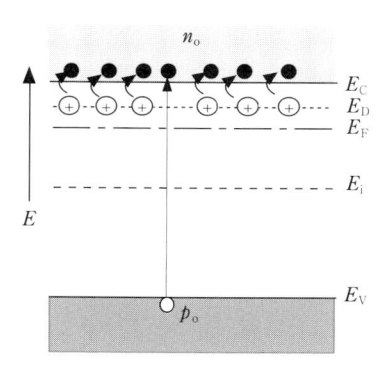

図 2.14　n 形半導体のエネルギー帯

準位(donor level) E_D をつくり，イオン化エネルギー $(E_C - E_D)$ が与えられるとイオン化し，電子を1個放出して正イオンとなる．このイオン化エネルギーは Si 中の電子の場合約 0.032 eV となる．300 K における熱エネルギーは約 0.026 eV なので，熱エネルギーによってドナー準位の電子はほとんど伝導帯に移ることができる．ここで，熱的に発生する電子-正孔対を無視できるほどドナー密度が高いならば，ドナー密度 (N_d) と電子密度 (n_o) は次式のとおりほぼ等しい．

$$n_o \cong N_d \tag{2.17}$$

n 形半導体における室温付近でのフェルミ準位は式(2.10)の右辺を N_d と等しいとおいて，

$$n_o \cong N_d = N_C \exp\left(-\frac{E_C - E_F}{\kappa T}\right)$$

この式から，

$$E_F = E_C - \kappa T \ln\left(\frac{N_C}{N_d}\right) \tag{2.18}$$

と求まり，n 形半導体の E_F は禁制帯の中央より上方に位置し N_d を一定とすると温度の上昇により E_F はほぼ直線的に減少することがわかる．逆に，n 形半導体のフェルミ準位が与えられれば，真性半導体の場合と同じ式(2.10)で電子密度を求めることができる．つまり不純物半導体の場合も電子密度は E_F の違いだけで表すことができる．不純物半導体においても熱平衡状態では $n_o \cdot p_o = n_i^2$ が成り立つので，正孔密度 (p_o) は次式で求めることができる．

$$p_o = \left(\frac{n_i^2}{n_o}\right) \cong \left(\frac{n_i^2}{N_d}\right) \tag{2.19}$$

(c) p 形半導体

n 形半導体と同様に，p 形半導体の正孔密度と電子密度も図 2.15 を参考にして求めることができる．図中の E_A はアクセプタ準位 (acceptor level) を示している．室温付近ではアクセプタはほとんどイオン化して価電子帯に正孔をつくっているので，熱的に発生した電子・正孔対はアクセプタ密度 (N_a) に比べて無視できる．そこで $n_o \cdot p_o = n_i^2$ が成り立つとして，正孔密度と電子密度はそれぞれ次のようになる．

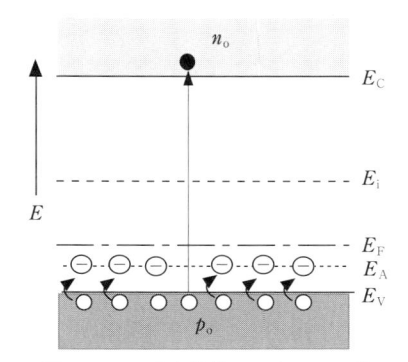

図 2.15 p 形半導体のエネルギー帯

$$p_\mathrm{o} \cong N_\mathrm{a} \tag{2.20}$$

$$n_\mathrm{o} \cong \frac{n_\mathrm{i}^2}{N_\mathrm{a}} \tag{2.21}$$

室温における p 形半導体のフェルミ準位は，式(2.12)の右辺を N_a に等しいとおいて，

$$E_\mathrm{F} = E_\mathrm{V} + \kappa T \ln\left(\frac{N_\mathrm{V}}{N_\mathrm{a}}\right) \tag{2.22}$$

と求められる．p 形半導体の E_F は禁制帯の中央より下方に位置し，N_a を一定とすると温度の上昇により E_F はほぼ直線的に増加する．ある温度における p 形半導体の正孔密度は，E_F が与えられれば式(2.12)から求めることができる．

以上で述べた n 形半導体と p 形半導体のエネルギー帯図，状態密度，フェルミ分布関数およびキャリア密度について図 2.16 にまとめて示す．

(d) キャリアの補償と温度依存性

半導体にドナーとアクセプタの 2 種類の準位が存在する場合を考える．準位の密度をそれぞれ N_d, N_a とすると $N_\mathrm{d} > N_\mathrm{a}$ のとき半導体は n 形となる．これはドナーの一部がアクセプタにより補償（電気的に打ち消されてしまう）されるが，正味のドナー密度が $N_\mathrm{d} - N_\mathrm{a}$ となり n 形としての性質を示すのである．逆に，$N_\mathrm{d} < N_\mathrm{a}$ のときはアクセプタがドナーによって補償され正味のアクセプタ密度は $N_\mathrm{a} - N_\mathrm{d}$ をもつ p 形半導体になる．$N_\mathrm{d} = N_\mathrm{a}$ のときは見かけ上，真性半導

24   2. 半導体の諸性質

(a) エネルギー帯図　(b) 状態密度　(c) フェルミ分布関数　(d) キャリア密度分布

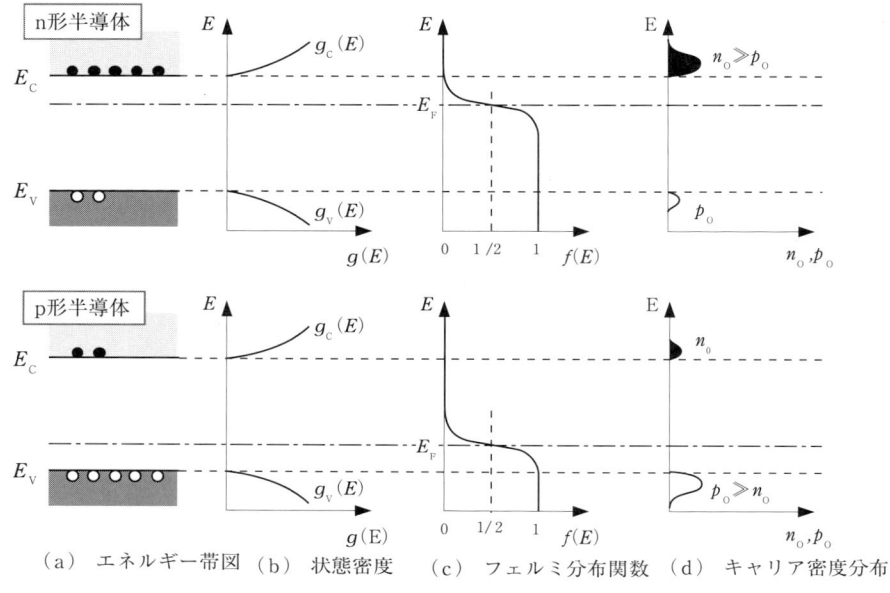

図2.16　n形，p形半導体のエネルギー帯図，状態密度，フェルミ分布関数およびキャリア密度分布

体と同じ特性を示す．この半導体は真性半導体とは区別して完全に補償された半導体と呼ばれる．

　これまでドープされた不純物（ドナーまたはアクセプタ）は室温ではすべてイオン化されているとして考えてきた．しかし，温度が低くなるとドナーから電子を励起するための熱エネルギーが不足してドナーのイオン化が完全でなくなり自由電子の数が減少してくる．さらに低温になるとすべてのドナー（またはアクセプタ）はイオン化されずに，電子（または正孔）が不純物に拘束された状態となる．

　したがって，極低温では自由電子（正孔）はほとんど発生されない．図2.17は$1\times10^{21}\,\mathrm{m}^{-3}$のドナーをドープしたn形Siにおける電子密度の温度依存性を示している．極低温から温度を上昇させると，ドナーから電子が徐々に励起され始め，不純物のイオン化が起こる（不純物のイオン化領域）．さらに温度が上昇してドナーの励起に必要な熱エネルギーが十分供給されると，ほとん

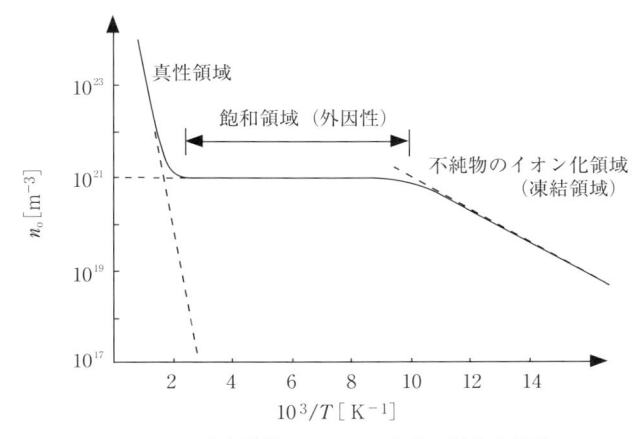

図 2.17 n形半導体のキャリア密度の温度依存性

どのドナーに拘束されていた電子は励起され自由電子の密度が飽和する．この温度範囲を飽和領域（外因性領域）と呼ぶ．

約 100 K から室温(300 K) までは電子密度は温度が変わっても変化せず，ドープされたドナー密度で決まる一定値(1×10^{21} m^{-3}) を保つ．400 K を超えると価電子帯から伝導帯への電子励起が優勢となり始め，ついにはドナー密度を超えるようになる．高温の領域では，もはやドナーによる電子密度は全電子密度の一部分にしかすぎず，大部分の電子は価電子帯から供給されるようになる．このとき価電子帯には電子とほぼ同数の正孔も生成されていて，$n_\mathrm{o} \simeq p_\mathrm{o}$ の関係が成り立つ．

この温度領域を真性領域といい，ドナーをドープしていない真性半導体と同じ特性をもつ．p形半導体の正孔密度の温度変化もn形と同様に考えることができる．通常の半導体デバイスは飽和領域における電子と正孔密度で動作している．

2.3 半導体の電気伝導

2.3.1 移動度，ドリフト電流および抵抗率

半導体中の自由電子は全方向に高速で運動しているが，平均すると電子の巨

視的な移動は起こらない．結晶格子や不純物原子などの散乱体との衝突から次の衝突までに移動する平均距離は平均自由行程（mean free path）と呼ばれ，この距離を移動する時間は平均緩和（衝突）時間（mean free time）τ と呼ばれる．

半導体に弱い電界 E が印加されると電子は $-qE$ の力を受けて，衝突から衝突までの間，電界と反対方向に加速される．しかし，この衝突過程によって電子は無限には加速されない．電界による加速と散乱体との衝突を繰り返すことで，電子は電界強度に依存した一定速度に到達する（図 2.18）．

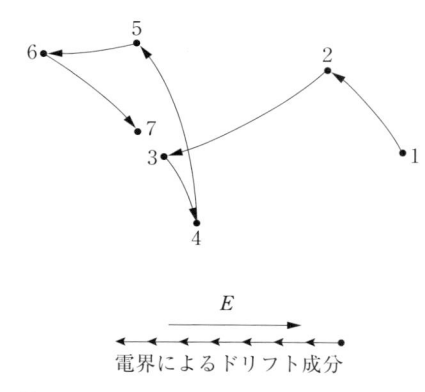

図 2.18 電界による電子の移動のモデル図

この電界の印加により生じた速度成分をドリフト速度 v_n（drift velocity）と呼ぶ．平均緩和時間（τ_n）の間に電子に与えられる力積と運動量はそれぞれ $-qE\tau_n$ と $m_n^* v_n$ である．両者が等しいとすると，

$$-qE\tau_n = m_n^* v_n \tag{2.23}$$

となる．これより，v_n は

$$v_n = -\left(\frac{q\tau_n}{m_n^*}\right)E = -\mu_n E \tag{2.24}$$

となる．ここで比例定数を μ_n とすると

$$\mu_n = \frac{q\tau_n}{m_n^*} \tag{2.25}$$

となり，μ_n を電子の移動度（mobility）と呼ぶ．Si，Ge および GaAs における

電子と正孔のドリフト速度と電界との関係を図 2.19 に示す．電界が大きくなると電子のもつ運動エネルギーが結晶格子のもつ熱振動エネルギーより大きくなり，電界から得た運動エネルギーが結晶格子に移行されるためにドリフト速度が飽和する．また，半導体材料が異なると散乱の相違によってドリフト速度の電界強度依存性が大きく変化していることもわかる．

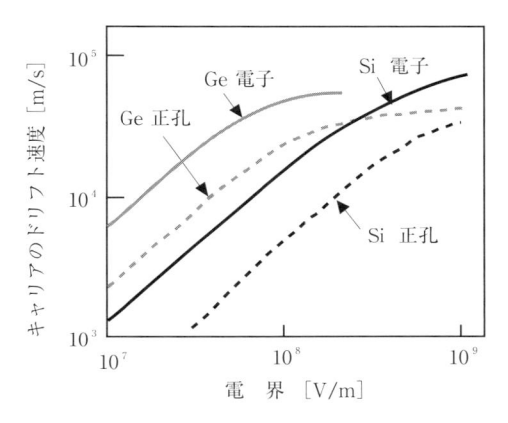

図 2.19 ドリフト速度と電界の関係

また，300 K における移動度と不純物密度との関係を図 2.20 に示す．ここで電子の移動度が正孔のそれよりも大きいのは電子の有効質量が正孔のそれに比べて小さいことに起因している．

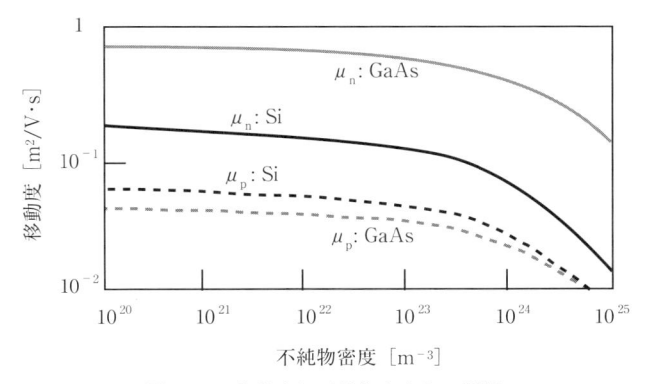

図 2.20 移動度と不純物密度との関係

移動度は式(2.25)のように平均緩和時間に比例する．平均緩和時間を支配する重要な散乱機構としては，格子振動（フォノン：phonon）散乱や不純物散乱（ドナーやアクセプタによるクーロン散乱）がある．単位時間中のキャリアと散乱体との衝突頻度 $1/\tau$ は2種類の散乱機構による衝突頻度の和で，

$$\frac{1}{\tau}=\frac{1}{\tau_{ph}}+\frac{1}{\tau_i} \tag{2.26}$$

となる．ここで τ_{ph} と τ_i はそれぞれ格子振動散乱と不純物散乱による平均緩和時間である．移動度についても，式(2.25)にしたがって，

$$\frac{1}{\mu}=\frac{1}{\mu_{ph}}+\frac{1}{\mu_i} \tag{2.27}$$

と表せる．μ_{ph} と μ_i はそれぞれ格子振動散乱と不純物散乱に関する移動度である．キャリアの散乱機構は，低温では不純物散乱が，高温では格子振動散乱が支配的になることが知られている．

格子散乱の強さは，半導体格子を構成する結晶原子の熱振動の大きさに起因する．熱エネルギーによる結晶格子の振動によって，電子に対する格子の周期ポテンシャルが乱されることにより電子の散乱が生じる．格子振動は温度の上昇に伴って増大するため，格子散乱は高温で顕著となり移動度を低下させる．

ドナーやアクセプタは結晶格子中に固定されたイオンとして存在しているため，キャリアとの間のクーロン力により不純物散乱が生じる．ドープした不純物が多くなるほど，不純物中心による散乱が増大するので移動度は密度に反比例して低下する．また，温度の上昇に伴ってキャリアの熱速度は増大するので，キャリアのイオンによる散乱断面積（散乱の確率）は小さくなり，その結果不純物散乱は減少し，移動度は増加する．

真性半導体に電圧を加えた場合，電子と正孔は電界によりそれぞれ逆向きに加速され，ドリフト電流が流れる（図2.21）．電子と正孔の密度をそれぞれ n と p，電子と正孔のドリフト速度をそれぞれ v_n, v_p とすれば，電子電流密度 J_n と正孔電流密度 J_p はそれぞれ，

$$\begin{aligned} J_n &= -qnv_n \\ J_p &= +qpv_p \end{aligned} \tag{2.28}$$

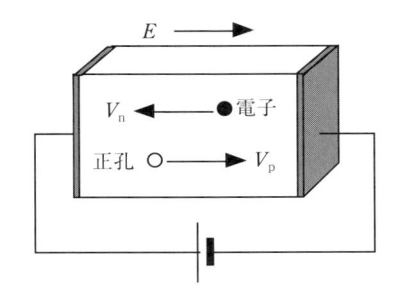

図 2.21 真性半導体中の電子と正孔の運動

と表される．式（2.24）の関係から，

$$J_n = +qn\mu_n E$$
$$J_p = +qp\mu_p E \tag{2.29}$$

となり，全電流密度 J は，J_p と J_n の和であるから，

$$J = J_n + J_p = q(n\mu_n + p\mu_p)E = \sigma E \tag{2.30}$$

となる．ここで σ を導電率（電気伝導度）と呼び，次式のように定義する．

$$\sigma = q(n\mu_n + p\mu_p) \tag{2.31}$$

このように半導体の導電率はキャリアの電荷量，密度および移動度に比例する．

一方，抵抗率 ρ は導電率の逆数であるから，

$$\begin{aligned}\rho &= \frac{1}{\sigma} \\ &= \frac{1}{q(n\mu_n + p\mu_p)}\end{aligned} \tag{2.32}$$

となる．この式は半導体の抵抗率が電子と正孔の密度や移動度が大きいほど小さくなることを意味している．

室温における不純物半導体では多数キャリアが少数キャリアに比べてきわめて多いので，電子または正孔のみが電気伝導を支配すると考えればよく，n 形と p 形半導体の導電率（σ_n，σ_p）と抵抗率（ρ_n，ρ_p）は次式のようになる．

$$\left. \begin{array}{l} \sigma_\mathrm{n} = qn\mu_\mathrm{n}, \quad \rho_\mathrm{n} = \dfrac{1}{qn\mu_\mathrm{n}} \\[6pt] \sigma_\mathrm{p} = qp\mu_\mathrm{p}, \quad \rho_\mathrm{p} = \dfrac{1}{qp\mu_\mathrm{p}} \end{array} \right\} \tag{2.33}$$

電子や正孔の密度はドープした不純物密度に比例するので，不純物密度の増加とともに抵抗率は減少するのである．図 2.22 にこの様子を示す．図において必ずしも正確に反比例しないのは，不純物密度によって移動度が変化するためである（図 2.20）．

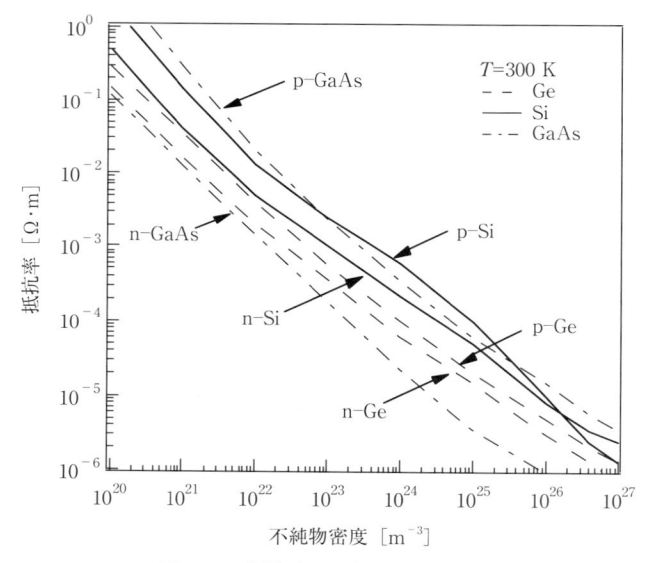

図 2.22 抵抗率の不純物密度依存性

2.3.2 ホール効果

ホール効果（Hall effect）とは，半導体に電流を流して電流と垂直に磁界を加えたとき，この両方に垂直な方向に電圧が現れる現象で，材料の伝導形，移動度およびキャリア密度を測定するためによく利用される．

磁束密度 B_z の中を速度 v_x で運動している電荷 q をもつ粒子が受ける力 F は，速度と磁束密度のなす角度を θ とすれば，

$$F = qv_x B_z \sin\theta \tag{2.34}$$

である．力の向きはv_xとB_zの両方に垂直であり，この力をローレンツ力（Lorentz force）という．

図2.23(a)に示すように厚さdで幅wのp形半導体基板を磁界B_z中において電流I_xを流した場合を考える．電流と磁束密度が直交しているので$\theta = 90°$であり，正孔の電荷がqクーロンであることを考えると，力Fは，

$$F = qv_x B_z \tag{2.35}$$

となる．この力によって正孔が手前側に寄せられて正に帯電し，図のような起電力が現れる．この現象がホール効果であり，発生電圧をホール電圧（Hall voltage）と呼ぶ．これを図のようにV_Hとすれば，半導体中にはV_Hとは逆向きの電界（V_H/w）が生じる．この電界が正孔に及ぼす力が釣り合うことでV_Hの大きさが決まる．よって，

$$qv_x B_z = q\left(\frac{V_H}{w}\right) \\ \therefore \quad V_H = v_x B_z w \tag{2.36}$$

となる．電流密度J_pは$J_p = qpv_x = I_x/(d \cdot w)$であるから，式(2.36)の$v_x$に代入して整理すると，

$$V_H = v_x B_z w = \frac{1}{qp} \cdot \frac{I_x B_z}{d} \\ = R_H \frac{I_x B_z}{d} \tag{2.37}$$

となる．この$R_H \equiv 1/(q \cdot p)$をホール係数（Hall coefficient）という．I_x，B_zお

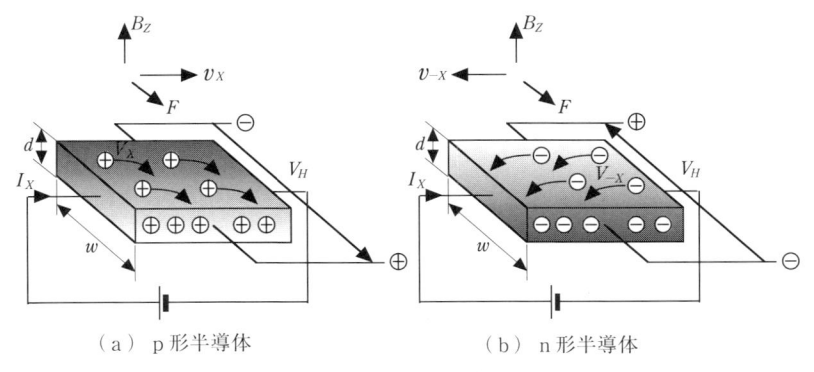

図2.23 ホール効果

(a) p形半導体　　　(b) n形半導体

よび d は既知なので，V_H を測定すればホール係数よりキャリア密度を求めることができる．逆に V_H が B_z に比例することを利用すれば，磁束密度の検出器にも応用できる．n形半導体の場合については図2.23(b)に示す．電流や磁束の向きが同じでも電子が負の電荷をもち，キャリアの移動方向が逆なためにホール電圧はp形半導体とは逆の極性になる．このように，ホール電圧の極性から未知の半導体の伝導形が判定できる．また式(2.33)の導電率を用いると電子の移動度 μ_n は

$$\mu_n = R_H \sigma_n \tag{2.38}$$

となり，印加電圧と電流から導電率がわかれば，ホール係数の測定で電子の移動度を導き出すこともできる．以上のように，ホール効果を利用するとキャリア密度と移動度を求めることができ，またホール係数の温度依存性を正確に測定すれば，キャリア密度の温度依存性に基づく結晶の不純物準位や伝導機構が考察できる．

2.3.3 拡散電流

気体・液体・固溶体の密度が場所によって異なるとき，分子は熱運動しながら全体として密度の高いほうから低いほうへ移動し，最後に密度は一様になる．この現象は拡散（diffusion）と呼ばれている．いま，図2.24のように電子密度が距離 x とともに減少している場合，熱運動によって密度が高い部分から低い部分のほうに移動する電子の数は，低い部分から高い部分に向かう電

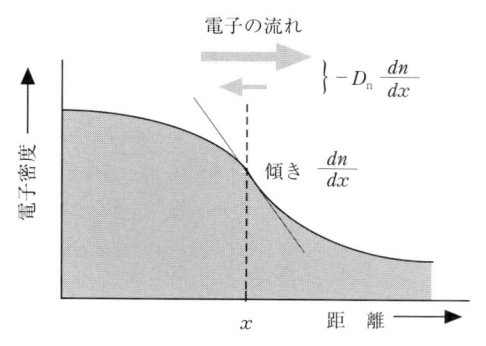

図2.24 拡散による伝導の様子

子の数よりも多い．正味ではxに垂直な面を電子が密度の低いほうに移動し，拡散によって単位時間に単位面積を通過する電子数はその密度勾配に比例する．

正孔についても同じ現象が起き，結晶の一部に過剰な電子や正孔が発生すると，拡散によってそれらはしだいに均一になる．

実際の拡散は3次元的であるが，簡単のために図のようにx方向だけについて考える．拡散によって単位時間に単位面積を通過する電子の数は密度勾配dn/dxに比例するから，電子の電荷を$-q$とすれば電子の拡散によって流れる電流，すなわち拡散電流（diffusion current）の密度J_nは，

$$J_n = -(-q) \cdot D_n \cdot \frac{dn}{dx}$$
$$= +q \cdot D_n \cdot \frac{dn}{dx} \tag{2.39}$$

となる．ここで，D_nは電子の拡散定数（diffusion constant）または拡散係数（diffusion coefficient：m^2/s）と呼ばれ，拡散による電流密度がキャリアの電荷密度の勾配に比例する比例定数である．

この比例定数はドリフト電流の電界に対する比例定数である移動度μ_nに対応し，温度により変化する．また，式の負号は拡散が密度の減少する向きに行われることを意味するが，電子の電荷が負であるために電流は電子の移動と逆向きになる．同様に，正孔の拡散定数をD_pとすると拡散による正孔電流密度J_pは，

$$J_p = -q \cdot D_p \cdot \frac{dp}{dx} \tag{2.40}$$

で表される．符号が負になったのは，正孔が正電荷をもつからである．したがって，電子と正孔が同時に拡散するときの拡散電流の密度Jは，

$$J = J_n + J_p = q\left(D_n \cdot \frac{dn}{dx} - D_p \cdot \frac{dp}{dx}\right) \tag{2.41}$$

で与えられる．

2.3.4 再結合による電流

半導体内では，つねに電子や正孔が発生（generation）したり消滅したりしている．発生する割合が消滅の割合より大きければ，キャリア密度は時間的に増加するし，逆に小さければ減少する．価電子がエネルギーを得て自由電子になり，図2.25のように電子・正孔対が発生する場合を考える．

電子が単位時間・単位体積中につくられる割合を G とする．G は結晶格子に拘束されている価電子の密度と自由電子として受け入れることができるエネルギー準位の密度の積に比例する．自由電子になるのに必要なエネルギー E_a（これを活性化エネルギーと呼ぶ）が熱によって与えられたとすると，電子が発生する割合は次式のようになる．

$$G = g \exp\left(-\frac{E_a}{\kappa T}\right) \qquad (2.42)$$

ここで，g は比例定数であり，半導体の種類によって異なるものである．したがって，G は温度のみの関数になる．

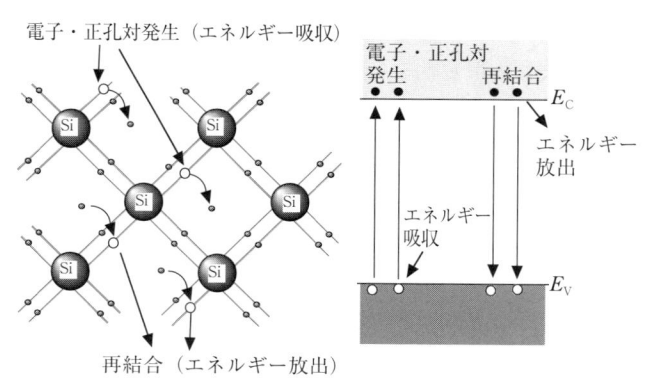

図 2.25 電子・正孔対発生と再結合の模式図

自由電子がエネルギーを失って再び結晶格子に拘束されると正孔は消滅する．このような過程で電子・正孔対が消滅することを再結合（recombination）という．再結合の割合は，再結合する伝導電子の密度と正孔密度とに比例する．再結合はエネルギーを放出する過程であり，再結合の割合を R とし，比例定数を γ とすれば，

$$R = \gamma \cdot p \cdot n \tag{2.43}$$

となる．電子密度の時間的な変化は発生と再結合の差で決まり，

$$\frac{dn}{dt} = G - R = g \exp\left(-\frac{E_\mathrm{a}}{\kappa T}\right) - \gamma \cdot p \cdot n \tag{2.44}$$

となる．

　電子と正孔が結合する場合，電子と正孔の移動が生じた結果として電流が流れる．このような電流を再結合電流（recombination current）という．再結合電流は，電子の多いn形半導体に正孔を注入したときや，正孔の多いp形半導体に電子を注入したときに生じ，あとに述べるバイポーラトランジスタのベース電流の主要因となる．

2.3.5　キャリア寿命

　熱平衡状態にある半導体に外部からキャリアを注入したり，エネルギーを与えて電子・正孔対を発生させれば，キャリア密度は熱平衡密度より増加する．この増加分を過剰キャリア密度といい，キャリア注入やエネルギーを与えるのを止めると過剰なキャリアは時間とともに減少する．いま，p形半導体に熱平衡状態より過剰な電子を注入し，時刻 $t=0$ で電子の注入を止めた場合を考える．過剰電子密度 Δn_p は式(2.44)のようにキャリア密度の積に比例して減少するので，Δn_p の時間的変化の割合は，

$$\begin{aligned}\frac{d(\Delta n_\mathrm{p})}{dt} &= G - R = G - \gamma \cdot p_\mathrm{p0}(n_\mathrm{p0} + \Delta n_\mathrm{p}) \\ &= -\gamma \cdot p_\mathrm{p0} \cdot \Delta n_\mathrm{p} = -K_\mathrm{n} \cdot \Delta n_\mathrm{p}\end{aligned} \tag{2.45}$$

となる．ここで，熱平衡状態における p 領域の電子と正孔密度は n_p0 と p_p0，$G = \gamma \cdot p_\mathrm{p0} \cdot n_\mathrm{p0}$，$K_\mathrm{n} = \gamma p_\mathrm{p0}$ は比例定数とした．いま $t=0$ における過剰電子密度を Δn_p0 とし，時定数を $\tau_\mathrm{n} = 1/K_\mathrm{n}$ とおくと，

$$\Delta n_\mathrm{p}(t) = \Delta n_\mathrm{p0} \exp\left(-\frac{t}{\tau_\mathrm{n}}\right) \tag{2.46}$$

と解ける（図 2.26）．

36　2. 半導体の諸性質

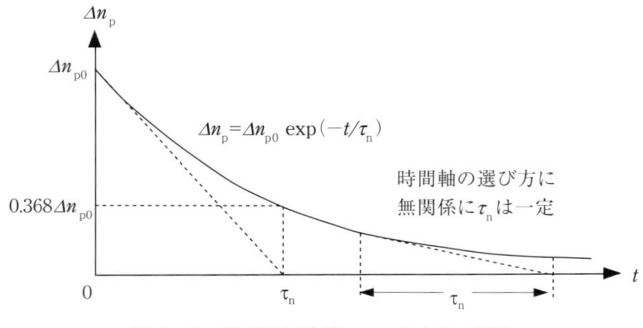

図 2.26 過剰電子密度 Δn_p の減衰の様子

　n形半導体に少数キャリアである正孔を過剰に注入した場合でも同様に考えられる．このように，過剰なキャリアは時間の経過とともに指数関数的に減少する．τ_n（正孔の場合は τ_p）はとくにキャリア寿命（life time）と呼ばれ，過剰キャリアの減少する速さの指標として有効である．図からわかるように，時間軸の原点のとり方にかかわらずキャリア寿命が経過したあとには，過剰キャリア密度は初期値の約 36.8%（すなわち，$1/e$ の値）に減少する．

2.3.6 拡散方程式

　半導体中の少数キャリアの移動とその連続性について考える．図 2.27 はn形半導体中を x 軸方向に流れる正孔の様子を表している．x 軸に垂直な面 ABCD から微小体積 $S \cdot dx$ に流入する電荷は単位時間当たり $J_p \cdot S$，面 A'B'C'D' から流出する電荷は $\{J_p + (dJ_p/dx) \cdot dx\}S$ である．発生・再結合による電荷の増減を合わせて考えると，この微小体積中の正孔密度 p_n の時間的変化の割合は，

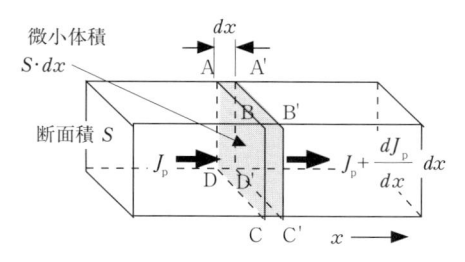

図 2.27 微小領域における電流の流入，流出および発生・再結合

$$\frac{\partial p_n}{\partial t} \cdot S \cdot dx = (g_p - r_p) \cdot S \cdot dx + \frac{1}{q}\left\{ J_p - \left(J_p + \frac{\partial J_p}{\partial x}dx\right)\right\} S \qquad (2.47)$$

上式の右辺第1項は微小体積中の発生・再結合，第2項は境界面を通しての正孔の正味の増加量を示す．いま正孔の寿命を τ_p とすれば式(2.45)から，

$$g_p - r_p = -\frac{\Delta p_n}{\tau_p} = -\frac{p_n - p_{n0}}{\tau_p}$$
$$\therefore \quad \frac{\partial p_n}{\partial t} = -\frac{p_n - p_{n0}}{\tau_p} - \frac{1}{q}\frac{\partial J_p}{\partial x} \qquad (2.48)$$

となる．ここで p_{n0} は n 形半導体における正孔の熱平衡密度である．もし正孔の移動が拡散のみによるとすると，式(2.40)を用いて，

$$\frac{\partial p_n}{\partial t} = -\frac{p_n - p_{n0}}{\tau_p} + D_p \frac{\partial^2 p_n}{\partial x^2} \qquad (2.49)$$

と書ける．これは正孔の拡散方程式と呼ばれ，n 形半導体中に注入された正孔の移動を解析するための基本式となる．p 形半導体中の電子の拡散方程式も同様に導くことができ，次式となる．

$$\frac{\partial n_p}{\partial t} = -\frac{n_p - n_{p0}}{\tau_n} + D_n \frac{\partial^2 n_p}{\partial x^2} \qquad (2.50)$$

2.4 深い不純物準位と表面準位

Si にⅢ族やⅤ族の元素をドープすると，禁制帯中のエネルギー帯端の近くに不純物準位（impurity level）がつくられるが，これに反して Au，Fe，Cu，Cr などの遷移元素は禁制帯の中央付近にエネルギー準位をつくる．禁制帯中央付近の準位を深い準位（deep level），エネルギー帯端に近い準位を浅い準位（shallow level）と呼んでいる．Si 結晶製作時の結晶欠陥や，放射線照射により導入された格子欠陥にも深い準位をつくるものがある．先に述べたキャリアの再結合について，禁制帯を挟んだ電子と正孔の直接再結合よりも，深い準位を仲介とした間接再結合の割合のほうが実際には多い．

深い準位には電子を捕獲して負に帯電する傾向の強いアクセプタ形準位と，電子を放出して正に帯電する傾向の強いドナー形準位がある．たとえば，図

2.28のようにn形半導体にアクセプタ形準位ができている場合には，キャリアは次のような過程を経て再結合する．アクセプタ形準位は多数キャリアである電子を捕獲して負に帯電している．これに少数キャリアである正孔がとらえられアクセプタ形準位は中性になる．中性となったアクセプタ形準位は再び電子をとらえて負に帯電する．このように間接再結合の仲介をする深い準位を再結合中心（recombination center）という．

図2.29に示すように，中性となったアクセプタ形準位が伝導帯の電子を捕獲するのではなく価電子帯の電子を捕獲して負に帯電する場合には，同時に正孔を放出することになるのでキャリアの再結合は生じない．このような深い準位は一時的に電子や正孔を捕獲するだけであるので，捕獲中心（trap center）と呼ばれる．また，電子や正孔の発生に寄与し，逆方向電流の増加をもたらす準位は発生中心（generation center）と呼ばれる．一般に深い準位は，発生－再結合中心として両方の働きをしている．

一方，半導体結晶の表面は結晶格子の終端部なので，ほかの原子と共有結合していない不飽和結合が存在する．このため結晶内部に比べて表面付近の禁制帯中に多数の許容準位ができる．これを表面準位（surface level）といい，そ

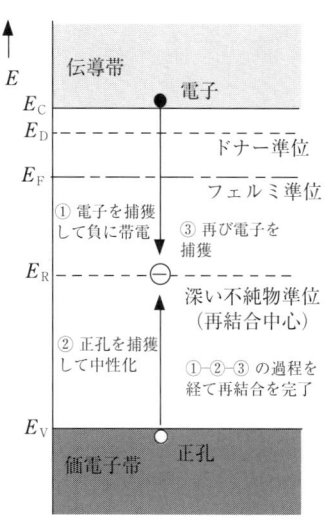

図2.28　深い準位による再結合 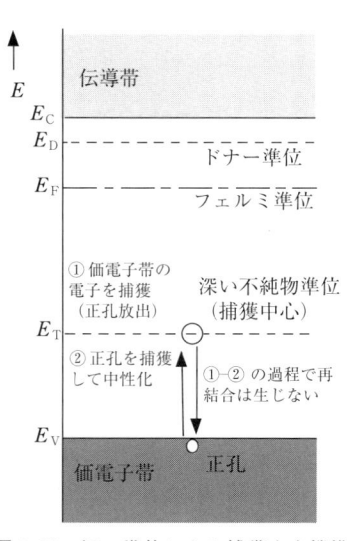　　　図2.29　深い準位による捕獲中心機構

の密度は表面状態によって左右される．n 形半導体では，表面準位に電子が捕獲されると表面は負に帯電するので，この電子に半導体中の少数キャリアである正孔が引き寄せられる．そのために，表面付近は内部より正孔密度が高くなる（図 2.30）．図のように正孔密度のほうが電子密度よりも高い領域を反転層（inversion layer），キャリアのない領域を空乏層（depletion layer）と呼ぶ．表面準位を仲介してキャリアが発生や再結合することも多く，半導体デバイスの電気的特性に悪影響を及ぼすことがある．

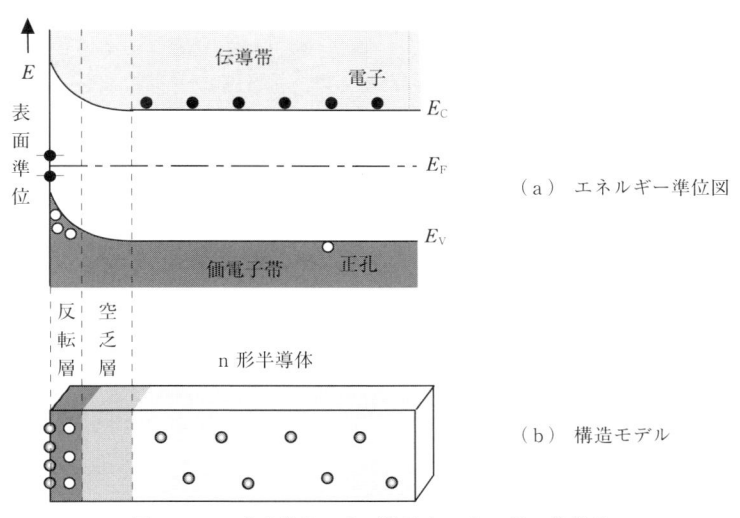

図 2.30　n 形半導体の表面準位とエネルギー帯構造

演習問題

1. 導体，絶縁体，半導体の抵抗率の違いを自由電子の観点から述べよ．
2. 300 K における Si の伝導帯と価電子帯の有効状態密度をそれぞれ求めよ．ただし，電子の有効質量は $0.33m_0$，正孔の有効質量は $0.52m_0$ とする（m_0 は電子の静止質量）．
3. 真性 Si の 300 K におけるフェルミ準位を求めよ．
4. 300 K における真性 Si のキャリア密度を求めよ．ただし，Si のバンドギャップは 1.1 eV とする．

5. ドナー密度 10^{22} m^{-3} の n 形 Si の正孔密度を求めよ．ただし，Si は 300 K の熱平衡状態にあり，真性半導体のキャリア密度は 1.6×10^{16} m^{-3} として計算せよ．

6. 前問の n 形 Si のフェルミ準位を求めよ．ただし伝導帯の有効状態密度は 2.8×10^{25} m^{-3} として計算せよ．

7. n 形 Si 中の電子が結晶格子と衝突する平均時間を求めよ．ただし，電子の有効質量は $0.33\,m_0$，移動度は 0.15 m^2/Vs とする．

8. n 形 Si の抵抗率を求めよ．ドナー密度と移動度は問 5. と問 7. で与えた値を用いよ．

9. 電子と正孔が同程度存在する半導体のホール効果について述べよ．

10. p 形半導体に電子を過剰に注入し，$t = 0$ で注入を止めた後の電子の減衰過程において，キャリア寿命の 2 倍の時間経過後の電子密度は $t = 0$ の電子密度の何 % になるか．

11. p 形半導体にドナー形の深い準位があるとき，これを仲介とする再結合過程を説明せよ．

3 ダイオード

3.1 pn 接合ダイオード

ダイオード (diode) は「陽極 (anode：アノード) と陰極 (cathode：カソード) の二つ (di：ダイ) の電極をもった」という意味で，整流，電気的分離，電荷蓄積，光-電気変換などの性質をもっている．

3.1.1 pn 接 合

半導体中で p 形から n 形に伝導形が変化している領域を pn 接合 (pn junction) と呼ぶ．図 3.1 は pn 接合の様子を定性的に示したものである．図 3.1 (a) は p 形半導体と n 形半導体とが独立に存在している場合，図 3.1(b) は pn 接合が形成される過程，図 3.1(c) は pn 接合が形成された状態をそれぞれ示している．図(b)のように p 形半導体と n 形半導体が接合した場合，pn 接合を挟んでキャリアに大きな密度差が生じる．

n 形半導体中の電子は p 領域へ拡散し，p 領域に入った電子はそこの多数キャリアである正孔と再結合して消滅する．逆に，p 形半導体の正孔は p 形から n 形へ拡散し，電子と再結合する．このように電子と正孔は自由に拡散するが，格子位置のドナーやアクセプタイオンは空間中に固定されており動くことができない．n 領域には，もともとマイナスの電荷をもつ伝導電子とプラスの電荷をもつドナーイオンとが同数存在し，差し引きの電荷量はゼロで，電気的に中性であった．そこから拡散により電子が p 領域に流れ去ってしまえば，あとには流れ去った電子の分だけのドナーイオンが残される．こうして正の電荷が存在するようになる．

p 領域では同様にアクセプタイオンが取り残され，負の電荷が残る．したが

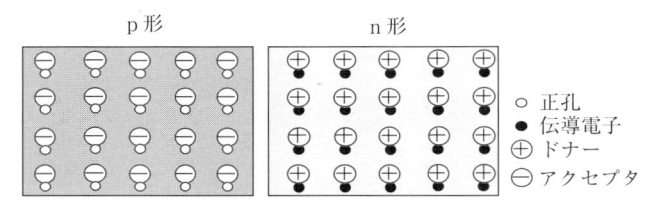

(a) p形とn形が独立に存在する場合

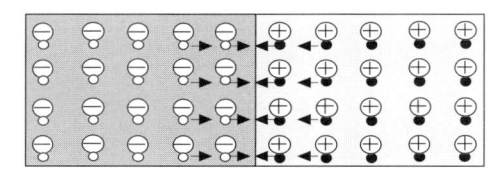

○ 正孔
● 伝導電子
⊕ ドナー
⊖ アクセプタ

(b) pn接合の形成過程

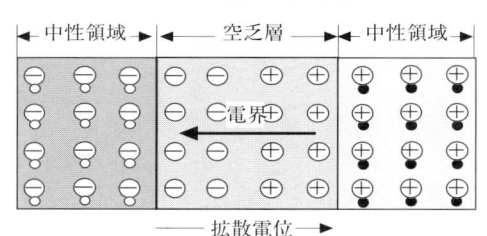

(c) pn接合形成後

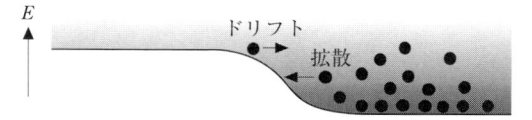

中性領域／空乏層／中性領域
電界
拡散電位

(d) 伝導帯での電子の動き

E
ドリフト
拡散

図 3.1 pn接合の定性的説明図

って，n領域に正，p領域に負の空間電荷（space charge）が生ずる．その結果，図3.1(c)に示すような空間電荷層（space charge layer）が生じる．空間電荷層は空乏層（depletion layer）とも呼ばれ，キャリアはほとんど存在しない．

　空間電荷により空乏層内には電界ができる．電界の向きはn領域からp領域である．この電界により電子はn領域に，正孔はp領域に向かって動かされる．つまり電界によるドリフトの向きは拡散の向きと逆で，電界は拡散を押しとどめる働きをもつ．多くのキャリアが拡散で流出すればするほど，多くの

空間電荷が生まれ，より強い電界がつくられ，拡散を止める力が強くなる．こうしてどこかで二つの働き（ドリフトと拡散による流れ）の間に釣合いが生まれ，電子も正孔も，正味の流れはゼロになる．これが熱平衡状態でのpn接合である．整理するとpn接合では以下の現象が起こる．

① p側，n側それぞれの接合近くで多数キャリアが減少した領域ができる．
② その領域には添加不純物イオンによる空間電荷が存在する．
③ その空間電荷のためn領域からp領域に向かう電界が発生する．
④ この電界によって電位障壁ができて，拡散とドリフトによるキャリアの流れが釣り合い，電子と正孔の正味の流れはなくなる．

pn接合のエネルギー帯図は図3.2のようになる．熱平衡状態ではp形とn形半導体のフェルミ準位は一致する．接合から遠く離れたところでは，接合の影響が無視でき，フェルミ準位の位置（フェルミ準位と伝導帯，価電子帯の位置関係）は，p形，n形それぞれの半導体が単独で存在したときと変わりはない．pn接合の近くでは電界によりエネルギー帯が曲がっている．エネルギー帯は負の電荷をもつ電子のエネルギーを表すもので，その勾配は電位勾配と符号が逆であることに注意する必要がある．

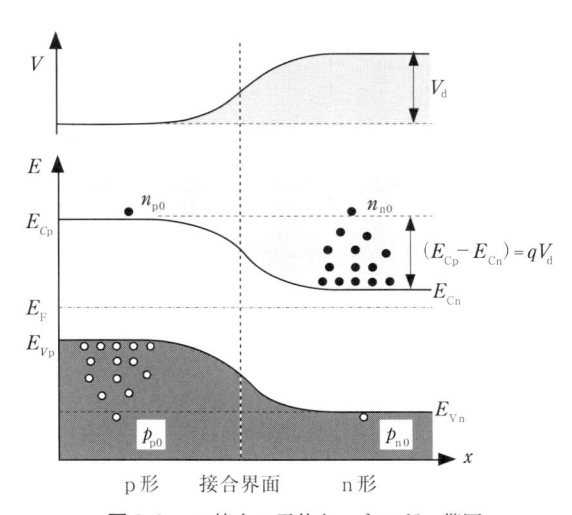

図3.2 pn接合の電位とエネルギー帯図

p形領域とn形領域の伝導帯（または価電子帯）のエネルギー差（qV_d）を電位差に換算したものを拡散電位（diffusion potential : V_d）と呼び，これは以下のように求められる．熱平衡状態にあるp形領域とn形領域における電子密度n_{p0}, n_{n0}は，それぞれの領域での伝導帯下端のエネルギー準位をE_{Cp}, E_{Cn}とすると，式(2.18)より次のように表され，

$$n_{p0} = N_C \exp\left(-\frac{E_{Cp} - E_F}{\kappa T}\right), \quad n_{n0} = N_C \exp\left(-\frac{E_{Cn} - E_F}{\kappa T}\right)$$

$$\therefore \frac{n_{n0}}{n_{p0}} = \exp\left(\frac{E_{Cp} - E_{Cn}}{\kappa T}\right) \tag{3.1}$$

となる．また，V_dは$(E_{Cp} - E_{Cn})/q$であるので，式(3.1)からV_dを逆算し，それに式(2.19)と式(2.21)を代入すると，常温近傍においては，

$$V_d = \frac{\kappa T}{q} \ln\left(\frac{n_{n0}}{n_{p0}}\right) = \frac{\kappa T}{q} \ln\left(\frac{N_a N_d}{n_i^2}\right) \tag{3.2}$$

と導ける．このように拡散電位は，温度Tとドナーおよびアクセプタ不純物密度の積に依存することがわかる．

3.1.2 電流-電圧特性

pn接合では電流-電圧特性に整流作用（rectification effect）が現れる．この現象はpn接合に空乏層が形成され，この空乏層中の電荷によってつくられる拡散電位が起因している．このようなpn接合に電極をつけた素子をpn接合ダイオードという．

空乏層はキャリアが存在しないので，電気的に中性なp形やn形領域に比べると著しく高抵抗である．このため外部からpn接合ダイオードに電圧を加えると，そのほとんどすべてが空乏層に加わり，中性領域での電圧降下はきわめて小さく無視できる．

図3.2の無バイアスにおいて，障壁の高さqV_dを超えることのできる電子密度は，n形領域においてqV_d以上のエネルギーをもつ電子の密度のことで，これがp形領域中の電子密度n_{p0}に等しいので次式のように表せる．

$$n_{p0} = n_{n0} \exp\left(-\frac{qV_d}{\kappa T}\right) \tag{3.3}$$

3.1 pn接合ダイオード

n形が負，p形が正となるように電圧 V_F を加えると，図3.3のように空乏層を境にしてn形部分の電位がp形部分よりも V_F だけ低くなる．したがって，電子に対するエネルギーはn形側が相対的に qV_F だけ高くなり，このためエネルギー障壁は qV_F だけ低くなって $q(V_d - V_F)$ となる．このように障壁の高さが qV_F だけ低くなると，p形領域の多数キャリアである正孔がn形領域へ，n形領域の多数キャリアである電子がp形領域へ拡散により移動し，電流が流れるようになる．この極性の外部電圧を順方向バイアス（forward bias）という．順方向バイアス時に流れる電流は以下のように計算できる．

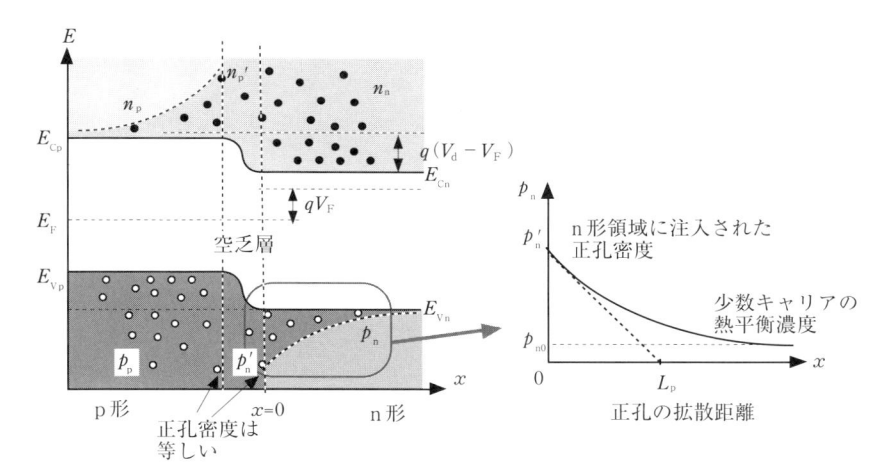

図3.3 順方向バイアスを加えたpn接合のエネルギー帯図と少数キャリア拡散の様子

pn接合に順バイアス V_F を加えると障壁の高さは $q(V_d - V_F)$ となるので，図3.3のように障壁を超えることのできる電子密度を n_p' とすれば次式で表すことができる．

$$n_p' = n_{n0} \exp\left\{-\frac{q(V_d - V_F)}{\kappa T}\right\} = n_{p0} \exp\left(\frac{qV_F}{\kappa T}\right) \tag{3.4}$$

同様に，順バイアスによって障壁を超えることのできる正孔密度 p_n' は，

$$p_n' = p_{n0} \exp\left(\frac{qV_F}{\kappa T}\right) \tag{3.5}$$

46   3. ダイオード

　このように，障壁を超えてキャリアを移動させることをキャリアの注入（injection）という．p領域に注入された電子およびn領域に注入された正孔は熱平衡密度より高いのでそれぞれの領域に拡散する．拡散の過程において，注入されたキャリアは再結合により減少し，定常状態においてp領域中の電子分布およびn領域中の正孔分布は距離xに対して定常的な分布を示し，その結果，定常的な拡散電流が流れることになる．

　まず，n形領域内における正孔の密度分布を解いてみる．空乏層とn形領域の境界を$x=0$とし，n形領域内の正孔密度$p_n(x)$とする．正孔の注入が定常的に行われていれば正孔分布の時間的変化はないと考えられるので，正孔の拡散方程式は式(2.49)で$\frac{\partial p_n}{\partial t}=0$とおいて，

$$\frac{d^2 p_n(x)}{dx^2} = \frac{p_n(x) - p_{n0}}{L_p^2} \quad (x \geq 0) \tag{3.6}$$

（ただし，$L_P = \sqrt{D_P \tau_P}$）

ここで，L_pは拡散距離（diffusion length）と呼ばれ，注入された正孔がn形領域へ進入することができる距離の指標となる．空乏層内でのキャリアの再結合を無視すると，$x=0$での正孔の密度はp領域中の正孔密度p_n'に等しく，n形領域の長さが拡散距離に比べて十分に長いとき，境界条件としては次のようになる．

$$x=0 \text{において，} \quad p_n(0) = p_n' = p_{n0} \exp\left(\frac{qV_F}{\kappa T}\right)$$
$$x \to \infty \text{に対して，} \quad p_n(\infty) = p_{n0} \tag{3.7}$$

　式(3.6)の拡散方程式を式(3.7)の境界条件のもとに解く．一般解は，

$$p_n(x) - p_{n0} = A \exp\left(\frac{x}{L_P}\right) + B \exp\left(-\frac{x}{L_P}\right) \tag{3.8}$$

ここで，A, Bは任意定数である．境界条件よりA, Bは次のように定まる．

$$A = 0, \quad B = p_{n0}\left\{\exp\left(\frac{qV_F}{\kappa T}\right) - 1\right\} \tag{3.9}$$

したがって，n形領域の正孔密度分布は

$$p_{\mathrm{n}}(x) = p_{\mathrm{n}0}\left\{\exp\left(\frac{qV_{\mathrm{F}}}{\kappa T}\right) - 1\right\}\exp\left(-\frac{x}{L_{\mathrm{P}}}\right) + p_{\mathrm{n}0} \tag{3.10}$$

と解ける．

　p 形領域から n 形領域に注入された正孔による電流密度 J_{p} は，$x=0$ における拡散電流密度から求められ，式(2.40)と式(3.10)より，

$$J_{\mathrm{p}} = -qD_{\mathrm{p}}\left.\frac{dp_{\mathrm{n}}(x)}{dx}\right|_{x=0} = \frac{qD_{\mathrm{p}}p_{\mathrm{n}0}}{L_{\mathrm{p}}}\left\{\exp\left(\frac{qV_{\mathrm{F}}}{\kappa T}\right) - 1\right\} \tag{3.11}$$

　同様に，n 形領域から p 形領域に注入された電子による電流密度 J_{n} は次のように計算される．

$$J_{\mathrm{n}} = \frac{qD_{\mathrm{n}}n_{\mathrm{p}0}}{L_{\mathrm{n}}}\left\{\exp\left(\frac{qV_{\mathrm{F}}}{\kappa T}\right) - 1\right\} \tag{3.12}$$

pn 接合に流れる電流密度 J は J_{p} と J_{n} の和となり，次式で表される．

$$\begin{aligned}J &= J_{\mathrm{p}} + J_{\mathrm{n}} = q\left(\frac{D_{\mathrm{p}}p_{\mathrm{n}0}}{L_{\mathrm{p}}} + \frac{D_{\mathrm{n}}n_{\mathrm{p}0}}{L_{\mathrm{n}}}\right)\left\{\exp\left(\frac{qV_{\mathrm{F}}}{\kappa T}\right) - 1\right\} \\ &= J_{\mathrm{s}}\left\{\exp\left(\frac{qV_{\mathrm{F}}}{\kappa T}\right) - 1\right\}\end{aligned}$$

ただし，

$$J_{\mathrm{s}} = q\left(\frac{D_{\mathrm{p}}p_{\mathrm{n}0}}{L_{\mathrm{P}}} + \frac{D_{\mathrm{n}}n_{\mathrm{p}0}}{L_{\mathrm{n}}}\right) \tag{3.13}$$

図 3.4 に示すように，n 形が正，p 形が負となるように加えた外部電圧 V_{R} を

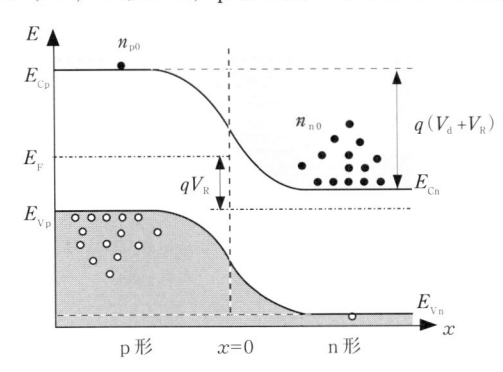

図 3.4　pn 接合の逆方向バイアス時のエネルギー帯図

逆方向バイアス（reverse bias）という．n形領域の電位がV_Rだけ高くなるため電子に対するエネルギーはqV_Rだけ低くなり，障壁の高さは$q(V_d+V_R)$となる．この場合，多数キャリアは高い障壁のため他方に移動することができない．空乏層端の少数キャリアは電位障壁を下って他方に移動できるが，少数キャリアであるp形半導体中の電子密度n_pやn形半導体中の正孔密度p_nは，逆バイアス電圧によらず一定であり，きわめて少数しか存在していない．その結果，逆方向バイアスで電流はほとんど流れない．

以上の解析から，ダイオードの電流-電圧特性は図3.5のようになる．式(*3.13*)においてVが大きくなると指数項が大きくなり1は無視できる．すなわち，順方向では電流密度Jは，$\exp(qV_F/\kappa T)$にほぼ比例して指数関数的に大きくなる．この電圧を立ち上がり電圧（V_T: turn-on voltage）と呼ぶ．これは拡散電位V_dにほぼ等しく，ダイオードをつくる半導体材料によって異なり，Siを用いたダイオードの場合0.6〜0.7 V，Geでは0.3 V程度，GaAsでは1.0 V程度になる．

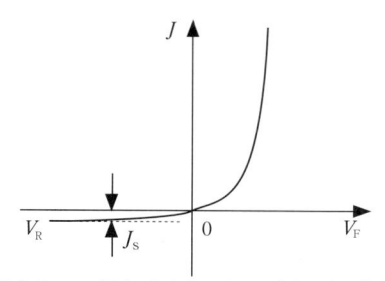

図3.5 pn接合ダイオードの電流-電圧特性

逆方向電流は，式(*3.13*)において負の電圧（$V<0$）を加えると指数項が1よりもはるかに小さくなり無視できるので，一定した電流J_sが流れるようになる．このJ_sを，逆方向飽和電流密度（reverse saturation current density）といい，空乏層端の少数キャリアの拡散に起因した電流である．

実際のpn接合ダイオードおよび式(*3.13*)の理想ダイオードの順方向電流-電圧特性を実線および破線で図3.6に示す．いま，順方向電圧V_Fが十分に大きければ指数項に比べて1は無視でき，

図のキャプション部分:

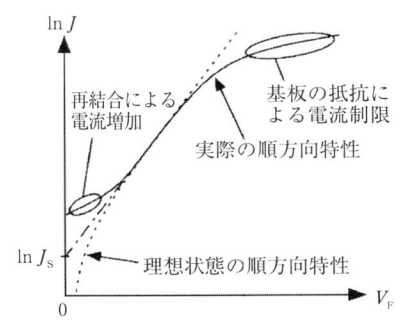

図 3.6 pn 接合ダイオードの順方向特性

$$J = J_s \exp\left(\frac{qV_F}{\kappa T}\right) \tag{3.14}$$

と書ける．この両辺の対数をとると，

$$\ln J = \ln\left\{J_s \exp\left(\frac{qV_F}{\kappa T}\right)\right\} = \frac{q}{\kappa T}V_F + \ln J_s \tag{3.15}$$

となる．$\ln J$ は V_F に対して傾き $q/\kappa T$ の直線で表され，これを図示すると図 3.6 の一点鎖線のようになる．V_F が小さいところで理想ダイオードの特性（破線）が直線からずれているのは，指数項に比べて 1 を無視できないためである．式 (3.15) において $V_F = 0$ にすれば，$\ln J = \ln J_s$ となるので，破線部分を延長して $V_F = 0$ において電流軸との交差した値が逆方向飽和電流密度である．理想的には，破線部分の傾きは $q/\kappa T$ になるはずであるが，実際にはそれより小さくなり，一般には図の実線のようになる．この実線の順方向電流-電圧特性は，実験的に，

$$J = J_s\left\{\exp\left(\frac{qV_F}{n\kappa T}\right) - 1\right\} \tag{3.16}$$

と表せる．ここで，n は理想的な特性とのずれを表す指数で，理想係数（ideality factor または diode factor）と呼ばれる．この n 値から，pn 接合ダイオードを流れる電流の成分が推定できる．理論的に次の関係になる．

$n = 1$：拡散電流
$n = 2$：再結合電流

再結合電流とは，空乏層内でのキャリアの再結合による電流成分を意味している．一方，大電流領域において n 値が大きくなっているのは，半導体基板の直列抵抗による電圧降下によるものである．

3.1.3　pn 接合の空乏層容量

pn 接合での空間電荷の分布と電位を次に計算する．図 3.7 に示すように pn 接合界面を $x = 0$ と考え，x が負の領域をアクセプタ密度一定の p 形半導体とし，x が正の領域をドナー密度一定の n 形半導体であるとする．このような pn 接合は階段接合（step junction）と呼ばれている．熱平衡状態において接合界面近傍には空乏層が広がっており，空乏層内では不純物イオンにより空間的に固定された電荷が存在し，空乏層の外では不純物イオンとキャリアが電気的に中性を保っているとする．

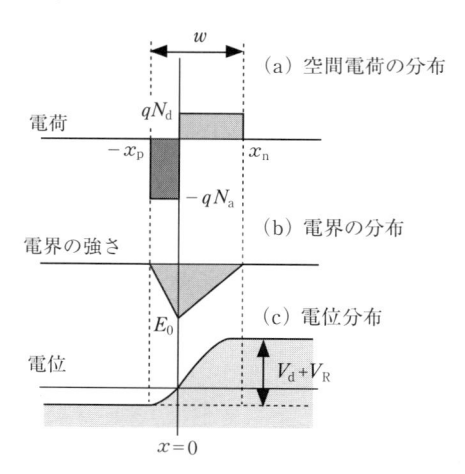

図 3.7　逆バイアスされた pn 接合での空間電荷，電界および電位分布

このような近似を空乏近似と呼び，空乏近似において空間電荷は空乏層の中だけに存在する．空乏層以外の，空間電荷が存在しない領域は中性領域（neutral region）と呼ぶ．熱平衡状態での中性領域の電界強度はゼロである．また，pn 接合に電圧をかけた場合，中性領域での電圧降下はないと仮定している．

電位 $V(x)$ と空間電荷密度 $\rho(x)$ はポアソンの方程式 (Poisson's equation) より次の関係をもつ.

$$\frac{d^2V(x)}{dx^2} = -\frac{\rho(x)}{\varepsilon} \tag{3.17}$$

pn 接合において上式を解くには，ε を半導体の比誘電率 ε_s と真空中の誘電率 ε_0 との積で表し，p 領域のアクセプタ密度を N_a，n 領域のドナー密度を N_d，q を電子の電荷，p と n 領域の静電位を V_p と V_n とすれば，式(3.17)は次のように書き直される.

$$\begin{aligned}\frac{d^2V_p}{dx^2} &= \frac{qN_a}{\varepsilon_s\varepsilon_0} \quad (-x_p \leq x \leq 0) \\ \frac{d^2V_n}{dx^2} &= -\frac{qN_d}{\varepsilon_s\varepsilon_0} \quad (0 \leq x \leq x_n)\end{aligned} \tag{3.18}$$

式(3.18)を1回積分すれば，p と n 領域の電界が求まり，任意定数を E_1，E_2 とすれば，

$$\begin{aligned}\frac{dV_p}{dx} &= \frac{qN_a}{\varepsilon_s\varepsilon_0}x + E_1 \quad (-x_p \leq x \leq 0) \\ \frac{dV_n}{dx} &= -\frac{qN_d}{\varepsilon_s\varepsilon_0}x + E_2 \quad (0 \leq x \leq x_n)\end{aligned} \tag{3.19}$$

となる．いま，空乏層端 $x = -x_p$，x_n において電界はゼロで，p と n 領域の電界の大きさは $x = 0$ において等しいとすれば次の境界条件が成り立つ.

$$\begin{aligned}\frac{dV_p}{dx} &= 0 \quad (x = -x_p) \\ \frac{dV_n}{dx} &= 0 \quad (x = x_x) \\ \frac{dV_p}{dx} &= \frac{dV_n}{dx} \quad (x = 0)\end{aligned} \tag{3.20}$$

式(3.19)と式(3.20)より任意定数は E_1 と E_2 は等しく，$E_1 = E_2 = E_0$ とおけば，電界の最大値 E_0 は次式のように求まる.

$$E_0 = \frac{qN_ax_p}{\varepsilon_s\varepsilon_0} = \frac{qN_dx_n}{\varepsilon_s\varepsilon_0} \tag{3.21}$$

これより

$$N_\mathrm{a} x_\mathrm{p} = N_\mathrm{d} x_\mathrm{n} \tag{3.22}$$

の関係が得られ，この式は空乏層中の正と負の空間電荷の総量は等しく，また空乏層は不純物密度の低いほうにより広がることを意味している．式(3.19)をもう1回積分すれば，V_Rp と V_Rn が求まる．任意定数を V_1，V_2 とすれば，

$$\begin{aligned}V_\mathrm{p} &= \frac{qN_\mathrm{a}}{2\varepsilon_\mathrm{s}\varepsilon_0} x^2 + E_0 x + V_1 \quad (-x_\mathrm{p} \leq x \leq 0) \\ V_\mathrm{n} &= -\frac{qN_\mathrm{d}}{2\varepsilon_\mathrm{s}\varepsilon_0} x^2 + E_0 x + V_2 \quad (0 \leq x \leq x_\mathrm{n})\end{aligned} \tag{3.23}$$

電位の基準点を与えると任意定数が求まり，$x=0$ で電位 $V_\mathrm{p}=V_\mathrm{n}=0$ とすれば，式(3.23)は次式のようになる．

$$\begin{aligned}V_\mathrm{p} &= \frac{qN_\mathrm{a}}{2\varepsilon_\mathrm{s}\varepsilon_0}(x^2 + 2x_\mathrm{p} x) \quad (-x_\mathrm{p} \leq x \leq 0) \\ V_\mathrm{n} &= \frac{qN_\mathrm{d}}{2\varepsilon_\mathrm{s}\varepsilon_0}(-x^2 + 2x_\mathrm{n} x) \quad (0 \leq x \leq x_\mathrm{n})\end{aligned} \tag{3.24}$$

空乏層の両端にかかる電圧は，拡散電位 V_d と外部電圧 V の和であるので，いま $V = V_\mathrm{R}$（逆バイアス）とすると，

$$V_\mathrm{d} + V_\mathrm{R} = V_\mathrm{n}(x_\mathrm{n}) - V_\mathrm{p}(-x_\mathrm{p}) = \frac{q}{2\varepsilon_\mathrm{s}\varepsilon_0}(N_\mathrm{a} x_\mathrm{p}^2 + N_\mathrm{d} x_\mathrm{n}^2) \tag{3.25}$$

となる．一方，空乏層幅 w は，

$$w = x_\mathrm{p} + x_\mathrm{n} \tag{3.26}$$

であるので，式(3.22)より x_p と x_n をそれぞれ求め，式(3.25)に代入することで w は次のように求まる．

$$\begin{aligned}V_\mathrm{d} + V_\mathrm{R} &= \frac{qN_\mathrm{a}N_\mathrm{d}}{2\varepsilon_\mathrm{s}\varepsilon_0(N_\mathrm{a}+N_\mathrm{d})} w^2 \\ \therefore \quad w &= \sqrt{\frac{2\varepsilon_\mathrm{s}\varepsilon_0(N_\mathrm{a}+N_\mathrm{d})}{qN_\mathrm{a}N_\mathrm{d}} \cdot (V_\mathrm{d}+V_\mathrm{R})}\end{aligned} \tag{3.27}$$

以上の式から，pn 接合に逆バイアス V_R を加えたとき，次のような変化が起

こる．

① 空乏層幅が広がり，p側，n側ともに空間電荷の総量が増加する．
② 空乏層中の電界が増加する．

空乏層の中に空間電荷として電荷が蓄えられており，またその電荷の総量が印加電圧によって変わるので，pn接合は静電容量をもつ．逆方向電圧がdV変化し，それに伴い空乏層幅が変化し，単位面積当たりdQの電荷の変化が生じたとする．この電荷の変化dQにより空乏層中に一様に電界の変化が生じる．これに伴う電位の変化は$dV_R = dQ \cdot w / \varepsilon_s \varepsilon_0$なので，単位面積当たりの空乏層容量は

$$C = \frac{dQ}{dV_R} = \frac{dQ}{\frac{dQ}{\varepsilon_s \varepsilon_0} w} = \frac{\varepsilon_s \varepsilon_0}{w} \tag{3.28}$$

となる．式(3.27)と式(3.28)を用いて容量と印加電圧Vの関係は，

$$C = \sqrt{\frac{\varepsilon_s \varepsilon_0 q N_a N_d}{2(N_a + N_d)} \cdot \frac{1}{(V_d + V_R)}} \tag{3.29}$$

となり，容量は図3.8(a)のように$(V_d + V_R)$の平方根に反比例することがわかる．また，式(3.29)は次のように変形できる．

$$\frac{1}{C^2} = \frac{2(N_a + N_d)}{\varepsilon_s \varepsilon_0 q N_a N_d} \cdot (V_d + V_R) \tag{3.30}$$

この式からVを横軸に，$1/C^2$を縦軸にプロットすれば，図3.8(b)の直線的な関係が得られ，その傾きが不純物密度に依存し，電圧軸切片が拡散電位V_dに相当する．とくに片方の不純物密度が他方に比べて非常に大きいときは片側階

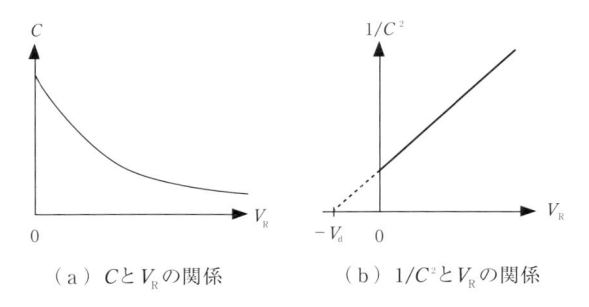

(a) CとV_Rの関係　　(b) $1/C^2$とV_Rの関係

図3.8　pn接合の容量-電圧特性

段接合 (one–sided step junction) と呼ばれ，たとえば，$N_a \gg N_d$ では，傾きは $2/q\varepsilon N_d$ となるので，グラフの傾きから低いほうの不純物密度（この場合 N_d）を求めることができる．片側階段接合では，空乏層は不純物の低い側のみに広がる．

不純物の熱拡散によってつくられた pn 接合のように，pn 境界の前後である密度勾配をもって不純物が分布している接合を，傾斜接合 (linearly graded junction) と呼んでいる．傾斜接合では pn 接合の容量は $V_R^{-1/3}$ に比例することになる．

3.1.4 ダイオードの降伏

pn 接合ダイオードに大きな逆方向電圧を加えると，あるところで急激に大きな電流が流れ始める．この現象をダイオードの降伏 (breakdown) といい，降伏が起こる電圧を降伏電圧 (breakdown voltage) という．降伏時の電流–電圧特性は図 3.9 の左側のようになる．このまま大電流を流し続けると，素子が熱的に破壊してしまう場合があるので，通常の目的で使用する場合は，逆方向の印加電圧は降伏電圧よりも十分小さいことが必要である．この降伏現象を利用した素子がツェナーダイオード (Zener diode) と呼ばれる定電圧ダイオードである．降伏が起こると電流の変化に対して電圧の変化が無視できる程度に小さいため，基準電圧を発生させる素子に利用されている．

降伏の機構としてはツェナー降伏 (Zener breakdown) となだれ降伏 (ava-

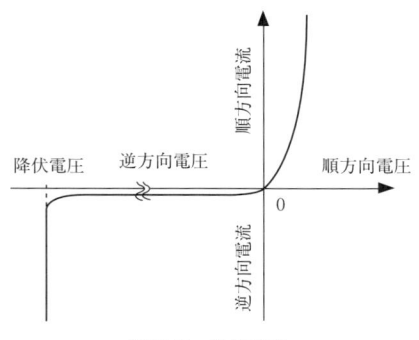

図 3.9　降伏現象

lanche breakdown）とがある．

　ツェナー降伏は逆方向に電圧を加えられた pn 接合で空乏層中の価電子帯頂上と伝導帯底の空間的な距離が小さくなり，量子力学的なトンネル効果（tunnel effect）によって，価電子帯の電子が直接伝導帯へ通り抜ける現象である．図 3.10(a) にこの様子が示されている．

　一方，なだれ降伏は空乏層の電界によって加速されたキャリアが，結晶格子をつくる価電子と衝突して電子－正孔対をつくることによるものである．図 3.10(b) になだれ降伏における電子と正孔の動きの様子を示している．空乏層に入ってきた電子は，そこにある電界によって加速されて運動エネルギーを得る．この電子の運動エネルギーが禁制帯幅より大きければ結晶格子と衝突したとき，新しい伝導電子－正孔対がつくられる．この新しくつくられた電子と正孔がさらに加速され，別の結晶格子に衝突して別の電子－正孔対がつくられるという過程を繰り返すことによって，電子と正孔の数がつぎつぎに増倍されていく．このために逆方向電流が急激に増加する．

　一般にツェナー降伏は不純物密度の高い pn 接合で起こりやすく，降伏電圧値が小さいのに対して，なだれ降伏では不純物密度の低い pn 接合で現れ，降

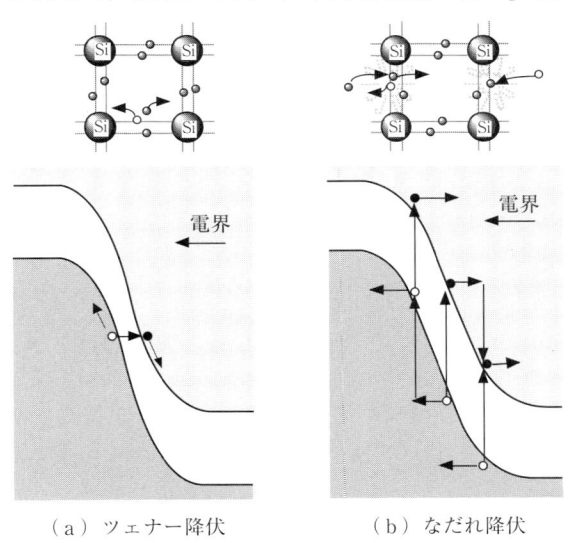

（a）ツェナー降伏　　　　（b）なだれ降伏

図 3.10　降伏現象のメカニズム

伏する電圧値は大きい．

3.2 ショットキーダイオード

3.2.1 金属と半導体の接触モデル

半導体と金属を接触させた場合，半導体と金属の種類により整流性を示すことがある．このような金属と半導体の整流性の接触はショットキー接触（Schottky contact）と呼ばれる．

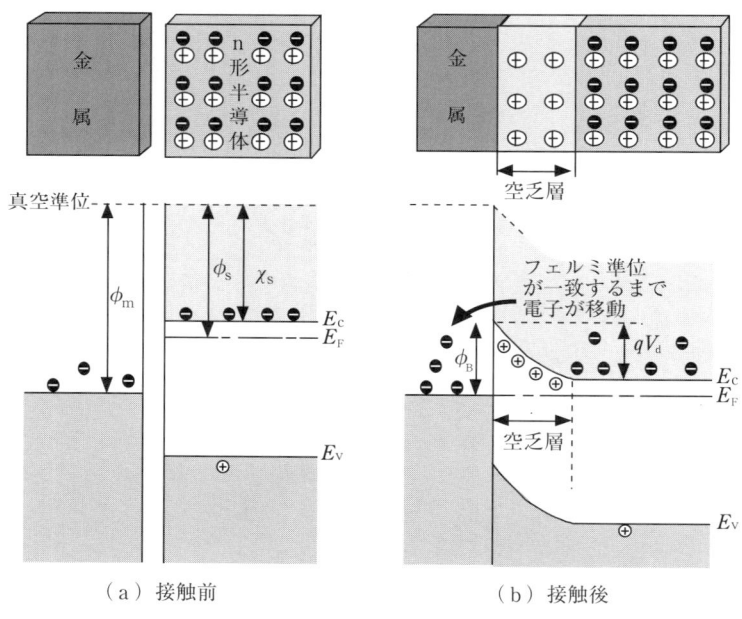

図 3.11 金属と n 形半導体とのショットキー接触のエネルギー帯図

図 3.11 は n 形半導体と金属がショットキー接触となるときのエネルギー帯図である．図の ϕ_m と ϕ_S は真空準位と金属や半導体のフェルミ準位とのエネルギー差，仕事関数（work function）で，金属から外部に電子を取り出すために必要な最小エネルギーを表している．半導体では真空準位と伝導帯底とのエネルギー差で定義される電子親和力（electron affinity, χ_s）もよく用いられる．

金属と半導体を接触させると，pn接合と同様に電子の移動が起こる．

$\phi_m > \phi_s$ の場合は金属と半導体を接触させると，電子は半導体から金属に移動する．電子が移動したあとの半導体にはイオン化したドナーが残されるため，半導体から金属に向かって電界が発生する．この電界のため電子は金属から半導体に向かって力を受けるので，電子の移動はあるところで定常状態となり，半導体と金属のフェルミ準位が一致した時点で停止する．この場合，金属側からみれば $\phi_B = \phi_m - \chi_s$ の電位障壁ができると同時に，半導体表面にはイオン化したドナーだけが存在する空乏層が現れる．金属の電子密度がきわめて高いので，半導体と接触し電子が移動しても金属側のフェルミ準位の変化はほとんど無視できる．

このように金属と半導体が接触して半導体に空乏層が発生した場合には整流作用が現れる．図3.12はショットキー接触における整流作用を定性的に表したものである．図3.12(a)のようにn形半導体に対して金属側が正となるように電圧を加えると，半導体中の電子は金属電極へと移動して電流が流れる（順方向特性）．逆に金属電極が負となるように電圧を加えると，図3.12(b)のように電子は半導体内部へと追い払われ，空乏層幅が大きくなるのみで，金属と半導体との界面の障壁は変化せず，金属から半導体への電子の移動はほとんどなく，電流は流れない（逆方向特性）．

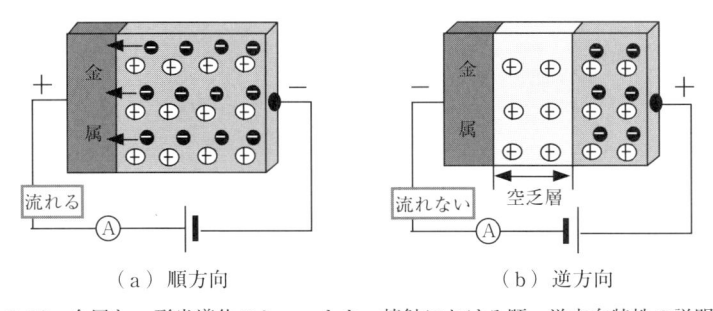

図3.12 金属とn形半導体のショットキー接触における順・逆方向特性の説明図

これに対して，電流–電圧特性がオームの法則を満たすような金属と半導体の接触はオーム接触（ohmic contact）と呼ばれる．

図3.13はn形半導体と金属がオーム性接触となるときのエネルギー帯図で

58   3. ダイオード

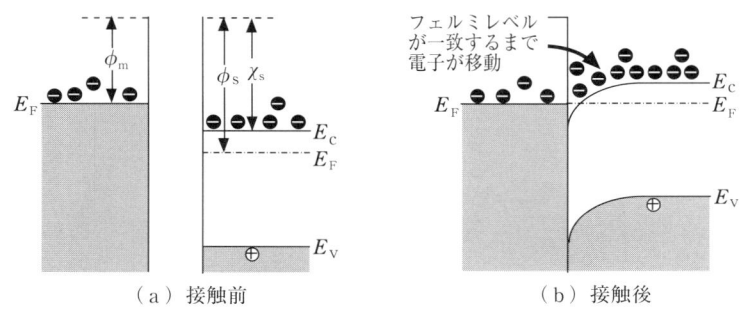

(a) 接触前　　　　　　　　(b) 接触後

図 3.13 金属と n 形半導体とのオーム性接触のエネルギー帯図

ある．金属のフェルミ準位が半導体のそれより高いため（すなわち $\phi_m < \phi_s$），接触後に伝導電子は金属から半導体へと流れ込む．図 3.13(b) のエネルギー帯図からわかるように，フェルミ準位が一致するようにキャリアが移動しても半導体表面には空乏層が形成されないため整流性は現れない．

金属と p 形半導体との接触も n 形の場合と同様に金属と半導体との組合せで決まる．整流性が現れるか否かは ϕ_m と ϕ_s の大きさの差で決まり，$\phi_m < \phi_s$ ならば整流特性，$\phi_m > \phi_s$ ならばオーム性特性が現れる．

半導体デバイスにおいて，電極を付けて外部回路と接続するとき，電極部分が整流特性をもつことは好ましくない．適切な電極材料を選ぶことにより半導体デバイスと外部電極とのオーム性接触をとることができるが，実際には電極材料を自由に選択できないことが多い．この場合は，図 3.14 のように半導体表面の不純物密度を高くして金属との界面に形成されるショットキー障壁が薄

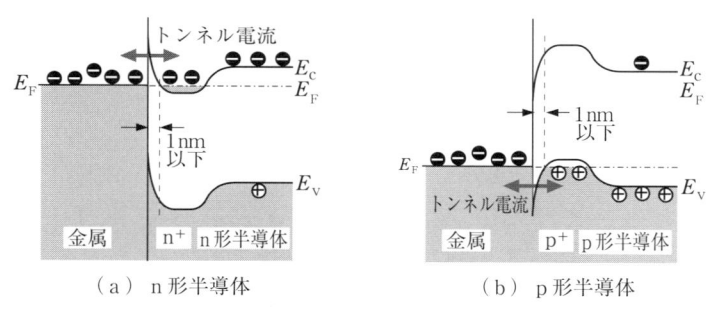

(a) n 形半導体　　　　　　　(b) p 形半導体

図 3.14 トンネル効果を利用したオーム性接触の形成

くなるようにして，トンネル電流によりオーム性接触を形成する方法がとられる．

3.2.2 電気的特性

図3.15はn形半導体と金属とがショットキー接触した場合のエネルギー帯図である．図において，ϕ_Bは金属側から半導体をみた場合の障壁，qV_dは金属と半導体のもつ仕事関数の差，すなわちフェルミ準位の差である．いま，金属に正電圧V_Fを印加すると，電圧はほとんど抵抗の高い空乏層に加えられ，半導体から金属に向かう電子に対するエネルギー障壁はqV_Fだけ低くなり$q(V_d - V_F)$となる．ここで，半導体から金属への電子の移動と，逆に金属から半導体への電子の移動による電流密度をそれぞれJ_{MS}とJ_{SM}とすれば，

$$J_{MS} = K_1 \exp\left\{-\frac{q(V_d - V_F)}{\kappa T}\right\} \tag{3.31}$$

$$J_{SM} = K_2 \exp\left(-\frac{\phi_B}{\kappa T}\right) \tag{3.32}$$

となる．ここでK_1，K_2は比例定数である．したがって，このショットキー接触を流れる電流密度JはJ_{MS}とJ_{SM}の差から求まり，

$$J = (J_{MS} - J_{SM}) = K_1 \exp\left\{-\frac{q(V_d - V_F)}{\kappa T}\right\} - K_2 \exp\left(-\frac{\phi_B}{\kappa T}\right) \tag{3.33}$$

となる．$V_F = 0$では$J = 0$なので，式(3.33)は次のように変形できる．

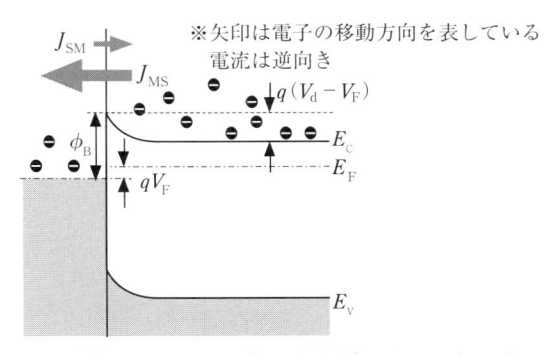

図3.15 ショットキー接触のエネルギー帯図（順方向バイアス印可時）

$$J = K_2 \exp\left(-\frac{\phi_\mathrm{B}}{\kappa T}\right) \left\{\exp\left(\frac{qV_\mathrm{F}}{\kappa T}\right) - 1\right\} = J_0 \left\{\exp\left(\frac{qV_\mathrm{F}}{\kappa T}\right) - 1\right\} \quad (3.34)$$

ここで，$J_0 = K_2 \exp(-\phi_\mathrm{B}/\kappa T)$ である．ショットキー接触に逆バイアス V_R を加えた場合は半導体側からみた障壁が $q(V_\mathrm{d} + V_\mathrm{R})$ と大きくなり，J_MS はほとんど流れない．このように，式(3.34)は pn 接合ダイオードにおいて求めた式(3.13)と同形となり，ショットキー接触でも順方向バイアス時は印加電圧とともに指数関数的に電流が増加するが，逆方向バイアス印加時は電流がほとんど流れない．

3.2.3 ショットキー接触空乏層容量

　ショットキー接触でも逆方向に電圧を印加した場合は空乏層が形成されるので静電容量が存在する．金属と n 形半導体のショットキー障壁において逆バイアス状態における電荷，電界および電位分布を図 3.16 に示す．電荷と電位との関係は pn 接合ダイオードの場合と同様にポアソンの方程式で表される．ドナー密度 N_d を一定とすれば，

$$\frac{d^2 V(x)}{dx^2} = -\frac{qN_\mathrm{d}}{\varepsilon_\mathrm{s}\varepsilon_0} \quad (0 \leq x \leq w) \quad (3.35)$$

が成り立つ．境界条件は，

$$\begin{aligned} &x = 0 \text{ で } V(0) = 0, \\ &x = w \text{ で } V(w) = V_\mathrm{d} + V_\mathrm{R},\ \left.\frac{dV(x)}{dx}\right|_{x=w} = 0 \end{aligned} \quad (3.36)$$

とする．これらをもとに式(3.35)を 2 回積分して電界と電位分布を解けば，

$$\frac{dV(x)}{dx} = -\frac{qN_\mathrm{d}}{\varepsilon_\mathrm{s}\varepsilon_0}(x - w) \quad (3.37)$$

$$V(x) = -\frac{qN_\mathrm{d}}{2\varepsilon_\mathrm{s}\varepsilon_0}(x^2 - 2xw) \quad (3.38)$$

となる．空乏層幅 w と印加電圧 V の関係は式(3.38)に $x = w$ を代入して整理すると，

$$w = \sqrt{\frac{2\varepsilon_\mathrm{s}\varepsilon_0(V_\mathrm{d} + V_\mathrm{R})}{qN_\mathrm{d}}} \quad (3.39)$$

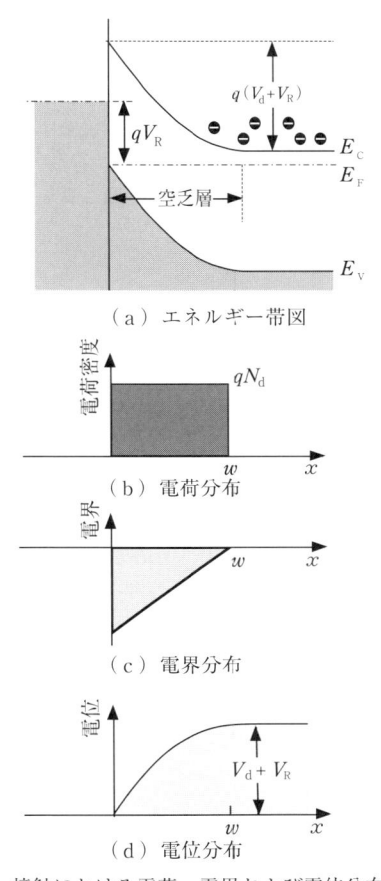

3.2 ショットキーダイオード　61

(a) エネルギー帯図

(b) 電荷分布

(c) 電界分布

(d) 電位分布

図 3.16　ショットキー接触における電荷，電界および電位分布（逆バイアス印加時）

となり，空乏層幅は pn 接合の場合と同様に $(V_d + V_R)$ の 1/2 乗に比例する．空乏層容量 C は式(3.39)を用いて，

$$C = \frac{\varepsilon_s \varepsilon_0}{w} = \sqrt{\frac{q \varepsilon_s \varepsilon_0 N_d}{2(V_d + V_R)}}, \quad \frac{1}{C^2} = \frac{2}{q \varepsilon_s \varepsilon_0 N_d}(V_d + V_R) \quad (3.40)$$

となる．この式からショットキー接触においても pn 接合の場合と同様に半導体基板中の不純物密度が計算できる．式(3.29)と式(3.40)を比較すると，ショットキー接触の静電容量は pn 接合が片側階段接合である場合の静電容量と同じであることがわかる．

3.3 種々のダイオード

3.3.1 整流・定電圧ダイオード

先に述べたように，pn 接合に逆方向電圧を加えた場合，電圧の値が一定値以上になると，逆方向電流が急激に増加する降伏現象が起こる．この性質を利用して定電圧ダイオードがつくられており，次のような用途に広く用いられている．

① 定電圧ダイオード：回路内で一定の基準電圧（リファレンス電圧）などをつくりだす用途．
② 保護回路素子：IC の外部入・出力端子に乗る静電気などのノイズ電圧やサージ（surge）電圧に対し，内部素子を破壊から守る用途．
③ リミッタ：電圧を一定値でカットし，それ以上の高電圧がかからないようにする．すなわち，電圧値を制限（リミット）する用途．

3.3.2 フォトダイオードと太陽電池

価電子帯に存在する電子に拘束を振り切るだけのエネルギーをもつ光を半導体に照射すると，電子-正孔対が発生する．光の振動数を ν，プランク定数を h，禁制帯幅を E_g とすれば，この現象が現れるのは，$h\nu \geq E_g$ の場合に限られる．pn 接合ダイオードに光信号が入射されたとき，空乏層内で発生した電子-正孔対は内部電界により電子が n 領域に，正孔が p 領域に移動し，無バイアスでも光電流 I_{sc} が流れる．

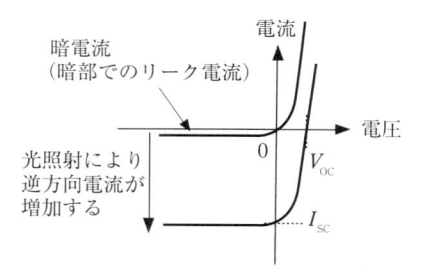

図 3.17 pn 接合への光照射による電気的特性の変化

光照射前後のダイオードの電流–電圧特性を図 3.17 に示すように，入射される光信号の強度に応じて逆方向電流が増加する．このように光電流をパラメータとして光の検出に用いるのがフォトダイオード（photodiode）で，光照射時の光起電力 V_{OC} を電源として利用するのが太陽電池（solar cell）である．

フォトダイオードの基本構造と光電流発生の様子を図 3.18 に示す．フォトダイオードは，光通信の受光素子や CCD などの光検出素子として用いられている．光信号に対する光電流の応答を速くするため，フォトダイオードは通常逆バイアスを印加して使用される．真性半導体層を pn 接合に挟んだ pin 構造のフォトダイオードは空乏層容量が小さく，光検出の感度も高い．

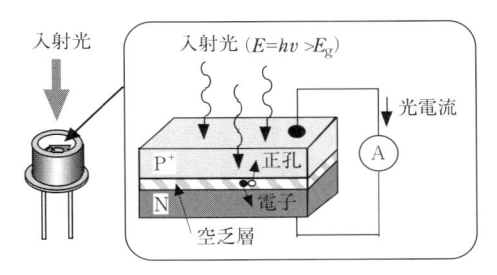

図 3.18 フォトダイオードの基本構造と光電流発生の様子

地表における太陽からの放射エネルギーは 1 m² 当たり約 1 kW である．Si 単結晶による pn 接合のエネルギー変換効率の理論値は 22% で，実際には 16〜18%（1 m² 当たり 160〜180 W）の太陽電池が多用されている．また，安価な多結晶 Si や非晶質 Si を用いた太陽電池が家庭用に普及している．このほかに硫化カドミウム（CdS）を材料にした太陽電池もつくられている．

図 3.19 に示すように，Si 太陽電池の構造は n 形 Si の表面にホウ素（B）を薄く拡散させて pn 接合を形成している．光を受けると，外部に対して図に示すように p 形領域がプラス，n 形領域がマイナスとなるような光起電力が発生する．光エネルギーを効率よく電気エネルギーに変換するため，受光面積を大きくとり，電極構造を工夫して内部抵抗を低減させている．

最近では禁制帯幅が大きい GaAs などの化合物半導体を用いた高効率の太陽電池も開発されている．太陽電池は小型の電卓から無人中継局，無人灯台の電源，人工衛星，宇宙ロケットの電源に至るまで幅広く利用されている．

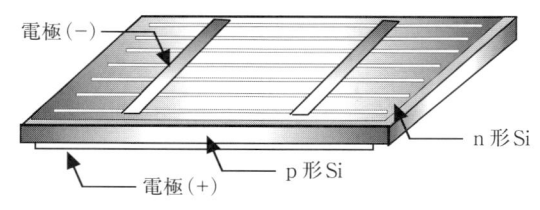

図 3.19　Si 太陽電池の構造

3.3.3　発光ダイオードとレーザダイオード

　発光ダイオード（LED：light emitting diode）は電気信号を光信号に変換する機能をもった pn 接合ダイオードである．図 3.20 に発光ダイオードの基本構造を示す．半導体の pn 接合に順方向電圧を加えると，p 形領域には電子が，n 形領域には正孔が少数キャリアとして注入される．注入された電子と正孔は，それぞれの領域で多数キャリアと再結合する際に光を放出する．

　このときに放出される光は，半導体の禁制帯幅を E_g，プランク定数を h とすれば，$h\nu = E_g$ の関係から，半導体の禁制帯幅に対応した振動数 ν（c/λ，c：光速，λ：波長）をもっている．したがって，E_g の値，すなわち半導体の種類を変えたり，半導体中に再結合中心となる不純物を添加すれば，異なる発光色を得ることができる．発光ダイオードに使用されているおもな半導体材料とその発光色や波長領域は表 3.1 のとおりである．

　実際の発光ダイオードではさまざまな半導体材料の組合せや素子構造が採用されている．これらは，用途や発光効率などに応じて使い分けられている．発光ダイオードのおもな用途は光通信用と表示用に大別される，光通信用では，伝送に使う石英系の光ファイバでの伝送損と分散特性の関係から，長波長帯

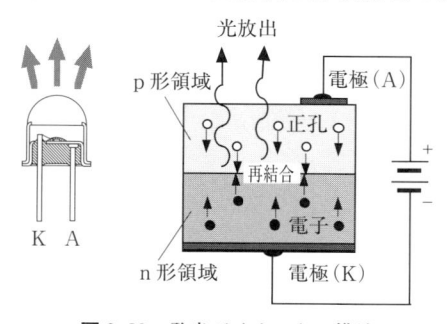

図 3.20　発光ダイオードの構造

表3.1 発光ダイオードの材料と発光波長

用途	化合物半導体材料 (2元系，3元系)	発光色・波長領域 0.4 0.6 0.8 1.0 1.2 1.4 1.6 1.8 [μm]
表示用	GaN, SiC GaP GaP, GaAsP GaAsP GaAsP, GaAlAs	青 　緑 　　黄 　　橙 　　赤
通信用	GaAlAs GaInAs, InAsP	───── 　　　　───────

($\lambda = \sim 1.3\,\mu m$ と $1.5\,\mu m$) の光がおもに用いられている．また表示用 LED では，当然，赤，橙，黄，緑，青など可視光の波長帯がよく用いられている．

レーザ (LASER: light amplification by stimulated emission of radiation) とは，電気入力により波長が一定で位相のそろったレーザ光を出力する装置である．ヘリウム-ネオン (He-Ne) などの混合気体を用いたガスレーザ，ルビーなどの固体材料を用いた固体レーザ，化合物半導体を用いた半導体レーザなどさまざまな種類がある．

半導体レーザは小型，高効率，低電圧，低消費電力，長寿命，高速変調などの特徴をもっており，光エレクトロニクス用の光源としてとくに広く利用されている．図3.21は半導体レーザの構造例で，通常はダブルヘテロ接合（ヘテ

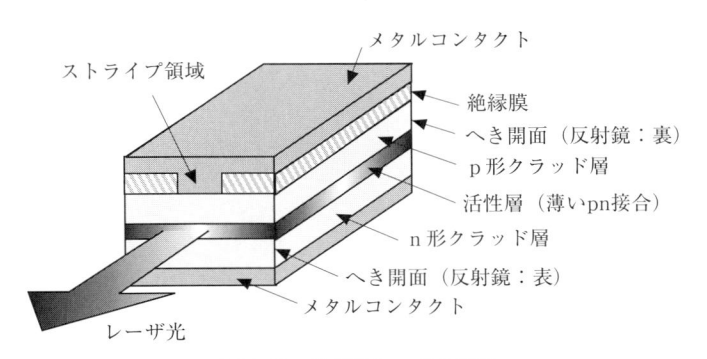

図 3.21 半導体レーザの構造

ロ接合＝異種接合）が採用されている．これは薄いpn接合からなる活性層を，それより禁制帯幅が大きく屈折率の小さい半導体のp形とn形のクラッド層で挟んだ構造である．クラッド層にストライプ状に設けられた外部電極に順方向電圧を加えると，活性層に電子と正孔が注入される．この電子と正孔が再結合する際のエネルギーが光として放出される．

フォトダイオードと異なるのはクラッド層と活性層の屈折率の違いと，両側面に設けられた反射鏡（通常，半導体のへき開面を利用）により光が活性層内に閉じ込められる点である．この閉じ込められた光によって新たな誘導放出が起こり，再び反射を繰り返すうちに波長と位相がそろった光が増幅され，レーザ光として外部に放出される．半導体レーザでは，入力電流（注入電子・正孔による電流）が一定の値（しきい値電流）を超えたときに発振が起こり，その後は注入電流とともにレーザ光出力が増加する．現在利用されている半導体レーザのそのおもな用途や材料を表3.2に示す．

表3.2 半導体レーザの用途と材料

おもな用途		レーザ波長と化合物半導体の材料	
通信用	基幹系	$\lambda=1.55$ μm	InGaAsP系
	アクセス系	$\lambda=1.3$ μm	（1.1〜1.6 μm）
ストレージ用	CDプレーヤー，プリンタ，…	$\lambda=0.78$ μm	GaAlAs系 （0.75〜0.85 μm）
	バーコードリーダー，DVD，…	$\lambda=0.65$ μm	GaAlInP （0.63〜0.69 μm）

演習問題

1. ドナー密度 10^{22} m^{-3}，アクセプタ密度 10^{21} m^{-3} のSi-n$^+$pダイオードの拡散電位を求めよ．真性半導体のキャリア密度は 1.6×10^{16} m^{-3} として計算せよ．
2. 前問のダイオードの逆方向飽和電流密度を求めよ．ただし，電子と正孔の拡散定数はそれぞれ 3.4×10^{-3} m^2/s と 1.3×10^{-3} m^2/s，寿命はいずれも 100 μs とする．

3. 前問のダイオードに0.6Vの順方向バイアスを加えたときの電流密度を求めよ．
4. 前問のダイオードに1Vの逆方向バイアスを加えたときの空乏層幅を求めよ．ただし，Siの比誘電率は12とする．
5. 金属・p形半導体接触において，$\phi_m < \phi_s$ なら整流特性を示すことをエネルギー帯図を用いて説明せよ．
6. 前問の接触において，逆に $\phi_m > \phi_s$ ならオーム性接触となることを説明せよ．

4 バイポーラデバイス

4.1 バイポーラトランジスタ

4.1.1 バイポーラトランジスタの構造と接地方式

バイポーラトランジスタとはn形またはp形の半導体をそれらと異なる伝導形の半導体で挟んだ3端子素子のことである．挟まれた領域をベース（base：B），ベースに対して不純物密度の高い領域をエミッタ（emitter：E），もう一方の領域がコレクタ（collector：C）と呼ばれる．

図4.1にプレーナ法により作製したnpn形バイポーラトランジスタの断面図を示す．図4.1(a)の基板表面から順にエミッタ，ベース，コレクタで，それぞれにオーム接触の電極が設けられている．またベース部分はほかの領域に比べてきわめて薄くつくられており，トランジスタの増幅作用はこの薄さに起因する．図4.1(a)のx軸方向で領域を切り出してみると，図4.1(b)のようなモデル図が得られる．図からわかるように，トランジスタには二つのpn接合

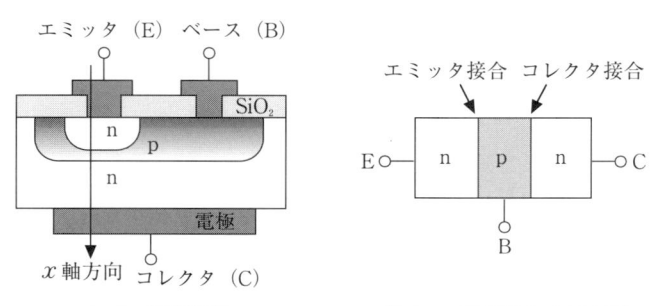

(a) 断面構造　　　　　(b) x軸方向のモデル図

図4.1 npn形バイポーラトランジスタの断面構造（プレーナ法）

が形成されており，ベースとエミッタ間の接合はエミッタ接合，ベースとコレクタ間の接合はコレクタ接合という．

バイポーラトランジスタは電流に寄与するキャリアのタイプから npn 形と pnp 形の 2 種類に分けられる．図 4.2 は npn 形と pnp 形トランジスタの回路記号である．バイポーラトランジスタは 3 端子素子なので，増幅回路に用いるときは一つの端子を入力側と出力側とで共通に使用し，残りを入力および出力端子に用いる．

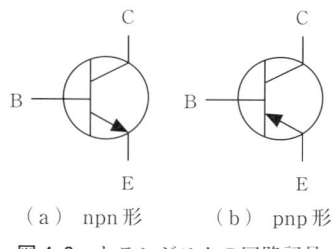

(a) npn 形　　(b) pnp 形

図 4.2　トランジスタの回路記号

素子の使い方は，① エミッタ・ベース間に入力を加え，コレクタ・ベース間から出力を取り出すベース接地，② ベース・エミッタ間に入力を加え，コレクタ・エミッタ間から出力を取り出すエミッタ接地，③ ベース・コレクタ間に入力を加え，エミッタ・コレクタ間から出力を取り出すコレクタ接地の 3 種類がある．回路的によく用いられる ① と ② の接地方式について印加電圧の様子をそれぞれ図 4.3 に示す．

トランジスタは接地方式にかかわらず，エミッタ接合には順方向バイアス，コレクタ接合には逆方向バイアスとなるように電源を接続する．ベース接地は

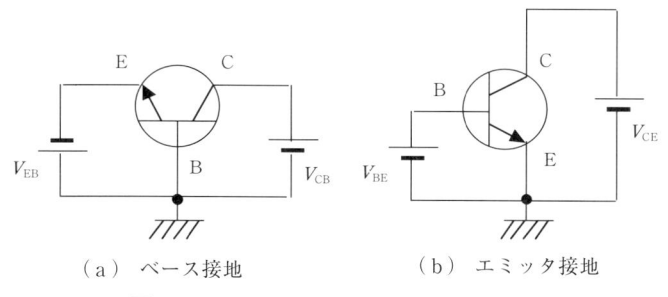

(a) ベース接地　　(b) エミッタ接地

図 4.3　トランジスタの接地方式（npn 形）

以下で述べるように電流増幅率が1より小さいので電流増幅としては用いられず，入力抵抗に比べて出力抵抗が大きいので電圧増幅用に使われる．これに対してエミッタ接地は，電流増幅率が大きくおもに電流増幅用に使用される．また，コレクタ接地は入力抵抗に比べて出力抵抗が小さいため電圧増幅には適しておらず，むしろ入出力のインピーダンス変換用に使用される．

4.1.2 動作原理

図4.4はnpnトランジスタの動作原理図である．無バイアス時（熱平衡状態）におけるエネルギー帯図を図4.4(a)に示す．平衡状態では各領域のpn接合に生じる電位障壁により，各領域の電子と正孔がその密度勾配によってほかの領域に拡散するのを阻止するように形成されている．すなわち，電子に対してはp側のベース領域のエネルギーが高くなっており，エミッタ，コレクタ領域に対しては拡散電位だけの障壁が生じてキャリアの拡散を妨げている．コレクタに比べてエミッタのほうが不純物密度を高くしてあるので伝導帯と価電子帯の電位はコレクタ側のほうが低くなる．

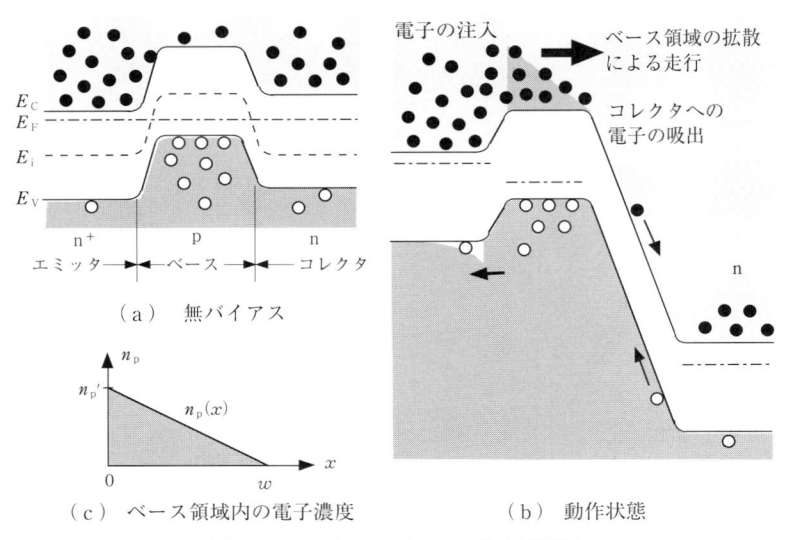

図4.4 npnトランジスタの動作原理図

次に，エミッタ接合に順方向バイアス，コレクタ接合に逆方向バイアスを加えた場合のエネルギー帯図は図 4.4(b) のようになる．印加電圧は各領域のフェルミ準位の差になる．n 形エミッタ内の電子は，ゼロバイアス時にはエミッタ・ベース間の拡散電位の障壁によってベース領域内への流入を阻止されているが，順方向バイアスによって障壁の高さが低くなると，障壁を超えるエネルギーをもった電子がベース領域内へと流入する．これらの電子は p 形ベース領域内では少数キャリアであって，ベース内を主として拡散現象によってコレクタ接合方向へと移動する．コレクタ接合の空乏層端に達すると，ベース・コレクタ接合には電位勾配の急坂がある．したがって，大部分の電子はコレクタへ吸い出される．

ベースのコレクタ側に接するところでは電子はコレクタに放出されるので，ここでの電子密度はほとんどゼロと近似することができる．また，ベースの左端で注入された電子の密度は高いが，コレクタ側の右端の電子密度は低いので密度勾配が生じる．この密度勾配によって電子による拡散電流が流れる．電子はベース内では少数キャリアであるから，拡散中に少数キャリアの寿命で決まるわずかな電子がベース内で正孔（多数キャリア）と再結合して消滅する．しかし，ベース中を電子が走行する時間は電子の寿命に比べて十分小さくなるようにベース領域は薄くつくられているので，注入された電子のほとんどはコレクタに到達できる．すなわち，再結合を無視すればベース内での電子密度勾配は一定であり，したがって直線で表すことができる（図 4.4(c)）．

このようにエミッタ・ベース間電圧がエミッタ接合においてベースに注入される少数キャリア密度を規定し，それによってコレクタ電流を決めるベース領域内の電子の密度勾配を決定する．ベース領域内の再結合で消滅する微小な割合を除けば，ベース領域に注入された電子はそのほとんどがコレクタに到達する．したがって，コレクタ電流は直接エミッタ・ベース間の順方向電圧によって制御されるのである．

4.1.3 電流増幅率

トランジスタの電流増幅率についての定量的な解析を以下に行う．動作原理から，エミッタ電流 I_E，コレクタ電流 I_C，ベース電流 I_B の間には次式の関係

が成り立つ．

$$I_E = I_C + I_B \tag{4.1}$$

いま，ベース接地電流増幅率 α とエミッタ接地電流増幅率 β を次のように定義する．

$$\alpha = \frac{I_C}{I_E}, \quad \beta = \frac{I_C}{I_B} \tag{4.2}$$

式(*4.1*)と式(*4.2*)より，α と β との関係を求めると，

$$\beta = \frac{\alpha}{1-\alpha} \tag{4.3}$$

が得られる．α は定義から1より大きくなることはなく，先に述べたようにベース領域でのキャリアの再結合は少ないので，α は1に非常に近い値となる．たとえば，α の値を0.99とすれば β は99となり，大きな電流増幅作用が得られることになる．

npnトランジスタにおいて，電子がエミッタからコレクタ電極に達する過程は次の3段階である．

① エミッタ・ベース間の順方向バイアスによるベース領域への電子の注入．
② ベース領域での電子の拡散．
③ ベース・コレクタ間の逆方向バイアスによるコレクタ領域への電子の移動．

この過程における効率はそれぞれエミッタ効率（emitter efficiency：γ），ベース輸送効率（transport efficiency：α_T），およびコレクタ効率（collector efficiency：α_C）と呼ばれている．これまでの説明から α は次式で表すことができる．

$$\alpha = \gamma \cdot \alpha_T \cdot \alpha_C \tag{4.4}$$

前章で述べたように，pn接合における電流・電圧特性は電子と正孔の拡散電流の和で表される．ベース領域の電子密度が図4.4(c)のように直線的に表現されるならば，式(*3.13*)は次のように書き直すことができる．

$$I_E = I_{Ep} + I_{En} = Aq\left(\frac{D_p p_{p0}}{L_p} + \frac{D_n n_{n0}}{w}\right)\exp\left(-\frac{qV_D}{\kappa T}\right)\left\{\exp\left(\frac{qV_{EB}}{\kappa T}\right) - 1\right\} \quad (4.5)$$

ここで，I_{Ep} はエミッタ電流の正孔電流成分，I_{En} はエミッタ電流の電子電流成分，V_{EB} はエミッタとベース間の順方向電圧である．また，ベース面積を A，ベース幅を w とする．エミッタ効率 γ は全エミッタ電流のうち，電子電流成分の比で表されるので，

$$\gamma = \frac{I_{En}}{I_E} = \frac{I_{En}}{I_{Ep} + I_{En}} = \frac{\dfrac{D_n n_{n0}}{w}}{\dfrac{D_p p_{p0}}{L_p} + \dfrac{D_n n_{n0}}{w}} = \frac{1}{1 + \dfrac{D_p p_{p0}}{D_n n_{n0}}\cdot\dfrac{w}{L_p}} = \frac{1}{1 + \dfrac{\sigma_B}{\sigma_E}\cdot\dfrac{w}{L_p}} \quad (4.6)$$

$$\left(\because\ D_p = \frac{\kappa T}{q}\mu_p,\ D_n = \frac{\kappa T}{q}\mu_n\right)$$

となる．σ_B と σ_E は，ベースとエミッタ領域の導電率である．γ を大きくするには，エミッタ領域の不純物密度を高くして $\sigma_B \ll \sigma_E$ とすると同時に，エミッタ領域の拡散距離と比べてベース幅 w を小さくする必要がある．

ベース輸送効率は図 4.4(c) をもとに，以下のように近似的に求めることができる．ベース領域内の電子密度を距離 x の関数として表せば，

$$n_p(x) = -\frac{n_p'}{w}x + n_p' \quad (4.7)$$

電子による拡散電流 I_{Bn} は，$x=0$ において式(4.7)を x で微分して求まり，

$$I_{Bn} = -AqD_n\frac{dn_p(x)}{dx}\bigg|_{x=0} = AqD_n\frac{n_p'}{w} \quad (4.8)$$

となる．ベース領域内での正孔との再結合による正孔電流は，ベース領域内の再結合による正孔の消滅分を積分して，

$$I_{Bp} = Aq\int_0^w \frac{n_p(x)}{\tau_n}dx$$
$$= \frac{Awqn_p'}{2\tau_n} \quad (4.9)$$

ベース輸送効率は，ベースに注入された電子電流とコレクタに到達した電子電流の比であるから，

$$\alpha_\mathrm{T} = \frac{I_\mathrm{Bn} - I_\mathrm{Bp}}{I_\mathrm{Bn}} = 1 - \frac{I_\mathrm{Bp}}{I_\mathrm{Bn}} = 1 - \frac{\dfrac{Awqn_\mathrm{p}'}{2\tau_\mathrm{n}}}{AqD_\mathrm{n}\dfrac{n_\mathrm{p}'}{w}} = 1 - \frac{w^2}{2D_\mathrm{n}\tau_\mathrm{n}}$$

$$= 1 - \frac{1}{2}\cdot\left(\frac{w}{L_\mathrm{n}}\right)^2 \tag{4.10}$$

となる．ここで，$L_\mathrm{n} = \sqrt{D_\mathrm{n}\tau_\mathrm{n}}$ を用いた．これよりベース輸送効率は L_n に比べてベース幅 w を小さくすれば大きくなることがわかる．

一方，コレクタ効率はコレクタ接合を流れる電子に対する全コレクタ電流の比で表されるが，コレクタ接合を流れる正孔は pn 接合での逆バイアス時の値であり電子と比べて著しく小さく無視できる．したがって，通常は 1 と考えてよい．

以上の考察を整理するとベース接地電流増幅率 α は次式のように表せる．

$$\alpha = \gamma\cdot\alpha_\mathrm{T}\cdot\alpha_\mathrm{C} \cong \frac{1 - \dfrac{1}{2}\cdot\left(\dfrac{w}{L_\mathrm{n}}\right)^2}{1 + \dfrac{\sigma_\mathrm{B}}{\sigma_\mathrm{E}}\cdot\dfrac{w}{L_\mathrm{p}}} \tag{4.11}$$

4.1.4　バイポーラトランジスタの静特性

ベース接地におけるコレクタ接合の電流・電圧特性について考える．コレクタ接合には逆バイアスが印加されているので，図 4.5(a) のような pn 接合ダイ

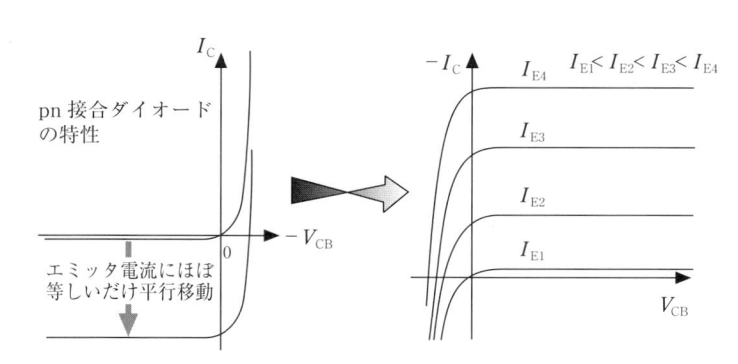

(a) コレクタ接合に流れる電流　　（b) ベース接地の電流・電圧特性

図 4.5　ベース接地の静特性

オードの特性を反転した状態と考えることができる．エミッタ接合には順バイアスが印加されているので，キャリアの注入が行われ，これがコレクタ接合に到達することから，エミッタ電流にほぼ等しい電流が重畳されてコレクタ電流として流れることになる．したがって，ベース接地の静特性は図4.5(b)のとおりとなる．

エミッタ接地における静特性は，以下のように考えることができる．エミッタ接地ではベースに入力信号を加えてコレクタから出力を取り出すので，通常は入力電流 I_B をパラメータとした出力電圧 V_{CE} 対出力電流 I_C の関係を表す．npnトランジスタの場合，ベース・エミッタ間にベースが正となるようにベース電圧 V_{BE} が加えられており，これによってエミッタ接合は順バイアスとなる．コレクタ・エミッタ間には，コレクタ接合が逆バイアス状態となるように，コレクタを正にしてコレクタ電圧 V_{CE} が加えられている．図4.3でバイアス電圧を比較すると，I_C, I_E が等しいとすれば，

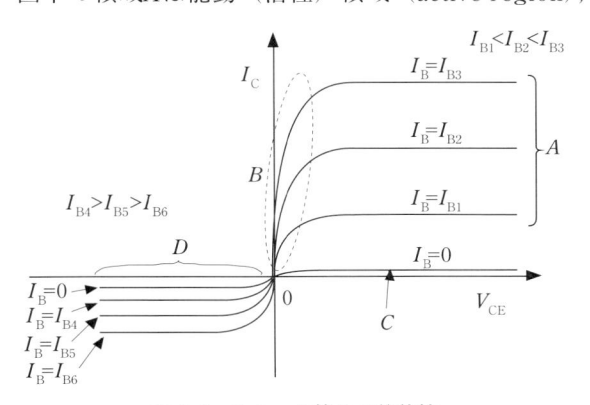

$$V_{CE} = V_{CB} + V_{BE} = V_{CB} - V_{EB}, \quad V_{CB} = V_{CE} + V_{EB} \quad (4.12)$$

である．この式から，エミッタ接地の静特性はベース接地の静特性で V_{CB} を $V_{CE} + V_{EB}$ と入れ換え，さらにコレクタ電圧軸方向に $V_{BE} = -V_{EB}$ だけ平行移動させることによって得られることがわかる．

したがって，静特性は図4.6のようになり，エミッタ接地の静特性はすべて原点を通る．図中の領域Aは能動（活性）領域（active region），領域Bは飽

図 4.6 エミッタ接地の静特性

和領域（saturation region），領域 C は遮断領域（cut-off region），領域 D は逆接続領域（reverse connection region）と呼ばれる．

4.2 ヘテロ接合バイポーラトランジスタ

トランジスタの電流増幅率を大きくするにはエミッタ効率とベース輸送効率を大きくする必要がある．エミッタ効率を大きくするには，式(4.6)で示したようにエミッタ領域に比べてベース領域の不純物密度を低くする必要がある．ところがベース領域の不純物密度を低くすると，①内部ベース抵抗が大きくなる，②ベース抵抗とコレクタ接合容量の増大により高周波応答が悪くなる，③ベース全体が空乏化する，などの問題点が生じてくる．エミッタ領域の不純物密度を高くするにも限界があり，高くしすぎるとベースへの少数キャリアの注入効率 γ が減少し，β が低下する．

ヘテロ接合バイポーラトランジスタ（HBT：hetero-junction bipolar transistor）は，禁制帯幅の大きな異種材料によるヘテロ接合構造でエミッタ領域を形成し，エミッタ効率を大きくするように工夫が施してある．図 4.7 に HBT のエネルギー帯図を示す．HBT ではベース領域からエミッタ領域への正孔に対する障壁がエミッタ領域からベース領域への電子のそれよりも大きいので，ベース領域のキャリア密度を高くしてもエミッタ効率 γ が減少しない．ベース領域のキャリア密度が高ければ，ベース幅を短縮してもベース抵抗を十分に

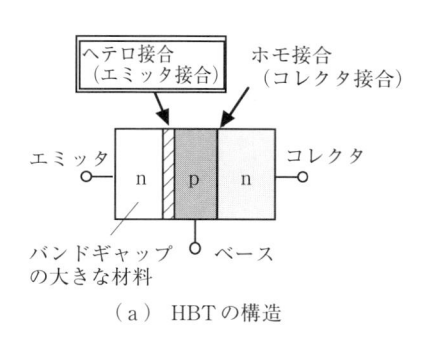

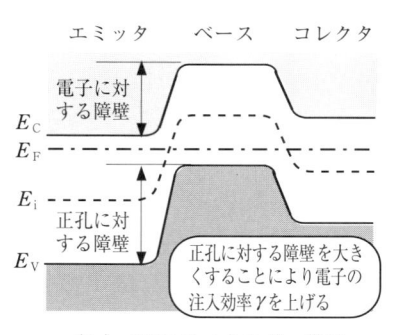

（a）HBT の構造

（b）HBT のエネルギー帯図

図 4.7　HBT の原理

小さくすることができるので高周波応答が維持される．

4.3 電力制御デバイス

スイッチ機能をもつ電力制御用のデバイスとしてはサイリスタ（thyristor）とトライアック（triac switch）が最も代表的である．サイリスタの動作はバイポーラトランジスタと同様に，電子と正孔の両方の輸送挙動が関与している．後で述べるようにデバイスの構造を工夫することで，サイリスタにおける制御できる電流と電圧は，電流が 5 000 A，電圧が 10 000 V までである．

3端子サイリスタの回路記号を図 4.8(a)に，その内部構造を図 4.8(b)にそれぞれ示す．図のようにサイリスタは pnpn の 4 層構造で，3 個の pn 接合 J_1, J_2, J_3 が直列に接続されている．外側の p 層につけられた電極を陽極(A)，他端 n 層の電極を陰極(K)，中間の p 層につけられた電極をゲート(G)という．サイリスタの動作原理は図 4.8(c)の等価回路のように pnp 形トランジスタと npn 形トランジスタが接続されていると考えると理解しやすい．

（a）回路記号　　（b）構造　　（c）トランジスタモデル

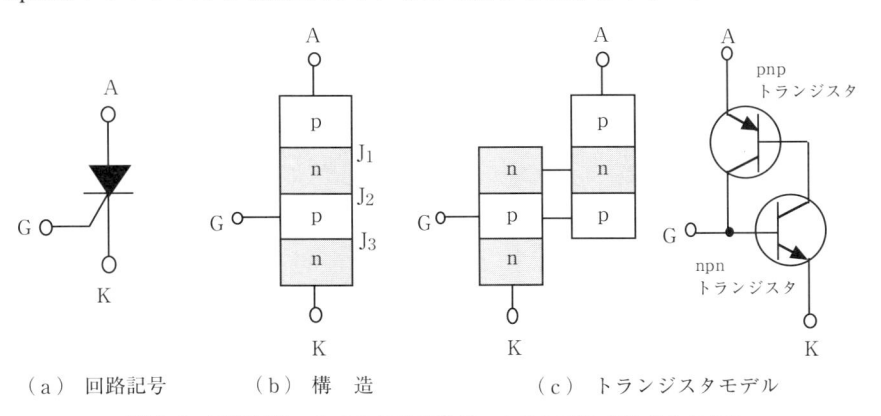

図 4.8　回路記号，サイリスタの構造，トランジスタによるモデル

サイリスタの電流・電圧特性を図 4.9(a)に示す．サイリスタでは陽極に正，陰極に負の電圧を加えた場合を順方向電圧と定義する．このとき J_1 と J_3 は順方向の電圧が印加されているが，J_2 が逆方向電圧となるので電流は流れにくい．$I_G = 0$ の状態で順方向電圧を大きくしていくと，pnp 形トランジスタの

(a) 電流・電圧特性

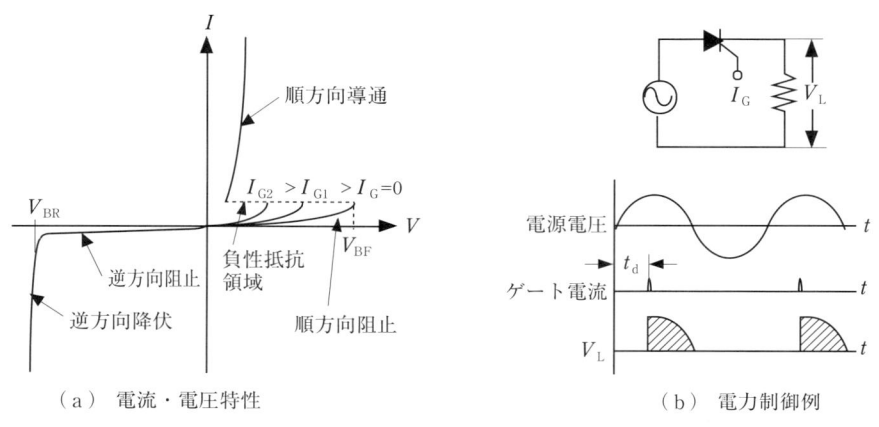

(b) 電力制御例

図 4.9 サイリスタの電流・電圧特性と電力制御例

コレクタ接合に加わる電圧が増加していき，ブレークオーバー電圧（V_{BF}）と呼ばれる電圧でなだれ増倍による電流が流れ出す．

この電流で npn トランジスタのベース電流とコレクタ電流も流れ出しサイリスタが導通状態となる．導通状態での電圧は 1 V 程度なので，印加電圧が減少する負性抵抗領域が発生する．ゲートに順方向電圧が加えられゲート電流 I_G が流れている場合は I_G が pnp 形トランジスタのコレクタ接合への流入となってなだれ降伏を引き起こす．その結果として V_{BF} は低下する．一方，陽極に負，陰極に正の電圧を加えた場合は，J_1 と J_3 の接合が逆方向となり電流が阻止され，それらの接合が降伏を起こす電圧（V_{BR}）まで電流は流れない．このように，サイリスタではゲートにより陽極-陰極間の電流を制御することができるので，図(b)に例を示すように電力制御デバイスとして用いることができる．ゲート電流を流すタイミング（t_d）を制御することにより負荷で消費される電力を制御できる．

トライアックとは双方向の 3 端子サイリスタのことである．図 4.10 にその断面構造を示す．低電圧，低電流パルスをゲートと M_1 または M_2 の間に流すことにより，どちらの向きにもスイッチング動作を行うことができる．サイリスタと同様にゲート電流を調整して，両方向のブレークオーバー電圧を変える

こともできる．

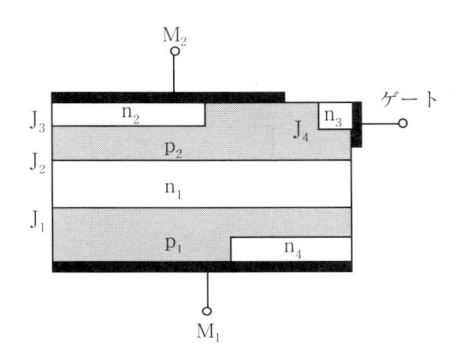

図 4.10 トライアックの断面構造図

演習問題

1. ベース接地電流増幅率 α が 0.99 であった．エミッタ接地電流増幅率 β はどれだけか．
2. pnp 形トランジスタの無バイアス時と動作時のエネルギー帯図を描け．
3. トランジスタの電流増幅率を大きくするには，どのように設計すればよいか考えよ．
4. バイポーラトランジスタのエミッタ端子とコレクタ端子を入れ換えて用いるとどのような動作を示すか考えよ．
5. 電力制御デバイスの家電機器への利用例を調べよ．

5 ユニポーラデバイス

5.1 分類と特徴

　ユニポーラデバイスとは，バイポーラデバイスが電子と正孔の双方が電気伝導に寄与しているのと異なり，どちらか1種類のキャリアが伝導に寄与している半導体デバイスである．先に述べたショットキーダイオードも片方のキャリアのみが動作に寄与しているのでユニポーラデバイスといえるが，本書ではユニポーラデバイスとして能動素子をとりあげる．

　代表的なユニポーラデバイスは電界効果トランジスタ（field effect transistor：以下，FETと略記）で，入力電圧によって出力電流を制御する半導体デバイスである．この素子の動作原理は1930年に提案されたが，半導体に電界を加えて制御するための良質な絶縁膜を作製することができなかったために実用化が遅れた．そのうちバイポーラトランジスタが開発され，製品化はそれに先を越されていた．

　その後，Siの熱酸化膜であるSiO_2がSiに対して良好な界面特性をもつことがわかり，1960年以降にMOS（metal-oxide-semiconductor）構造を用いたFETの利用が急速に発展した．現在では集積回路を構成するおもなデバイスとして使われている．

　FETを構造上で大別すると，
　① MOSFET（metal-oxide-semiconductor field effect transistor）
　② JFET（junction field effect transistor）
　③ MESFET（metal-semiconductor field effect transistor）
　④ HEMT（high electron mobility transistor）
に分けられる．MOSFETはMOS構造に加えた電圧により半導体側のキャリ

ア密度とチャネルに流れる電流を制御するデバイスである．接合形FETは逆方向に印加されたpn接合を入力端子として用い，空乏層幅の変化で出力電流を制御するデバイスである．MESFETはpn接合の代わりに金属と半導体のショットキー接触を入力端子に用いた接合形FETで，高速動作のために化合物半導体を基板に用いている．HEMTは超高速で動作するMESFETで，不純物散乱による移動度低下を防ぐためにチャネル領域の高純度化，ヘテロ接合によるチャネル内へのキャリアの閉じ込めなどの構造上の工夫を施している．

FETの特徴としては，
① 逆方向バイアスのpn接合，ショットキー接触，または酸化物で絶縁された入力端子を入力に用いるので，入力インピーダンスがきわめて大きい．
② 多数キャリアが動作に寄与し，キャリア寿命や再結合の影響を受けにくい．
③ 一般に，バイポーラ形に比べて微細化が可能である．
などがある．

5.2 MOS形電界効果トランジスタ

5.2.1 MOS構造の性質

MOS形電界効果トランジスタの動作解析の前にMOS構造の性質を知っておかなければならない．まずMOS構造とは図5.1(a)に示すように金属-酸化膜-Si半導体が積層した構造である．電気的に絶縁するために使われる酸化膜は，酸化により良好な界面特性をもつSi酸化膜が用いられる．金属に印加される電圧V_Gの大きさと極性によってMOS構造には種々の変化が生じる．

ここで，V_{ox}とV_Sはそれぞれ酸化膜とp形半導体にかかる電圧とする．理想的なMOS構造で電圧を印加しない場合のエネルギー帯図は図5.1(b)のようになる．ここでqV_fは禁制帯の中央のエネルギー準位（E_i）とp形半導体のフェルミ準位（E_{FS}）との差であり半導体の不純物密度により決まり，p形半導体の場合，アクセプタ密度をN_aとすると，式(2.22)を用いてV_fは次のように求められる．

(a) MOS 構造

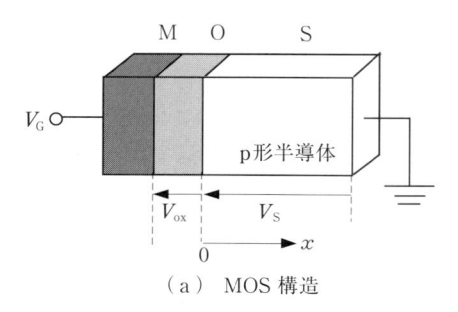

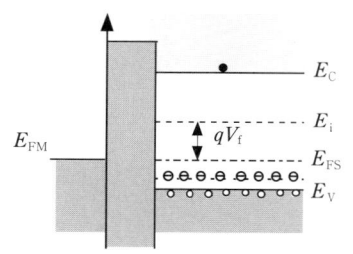

(b) $V_G=0$ のときのエネルギー帯図
（$E_{FM}=E_{FS}$ の場合）

図 5.1 MOS 構造とそのエネルギー帯図

$$V_f = \frac{1}{q}(E_i - E_{FS}) = \frac{1}{q}\left[\left\{E_V + \kappa T \ln\left(\frac{N_V}{n_i}\right)\right\} - \left\{E_V + \kappa T \ln\left(\frac{N_V}{N_a}\right)\right\}\right]$$

$$\therefore V_f = \frac{\kappa T}{q} \ln \frac{N_a}{n_i} \tag{5.1}$$

（a） V_G が負の場合（蓄積層の形成）

p 形半導体に対して金属に負の電圧を加えた場合は，図 5.2(a) と (b) に示すように p 形半導体の多数キャリアである正孔が電界に引かれて半導体表面（酸化膜と半導体の界面）に集まる．このように表面は正孔が蓄積されて，より高密度な p 形半導体（p$^+$）になる．これを多数キャリアの蓄積（majority carrier accumulation）といい，p$^+$層のことを蓄積層と呼んでいる．蓄積層の形成により半導体表面の導電率は増加する．図 5.2(c) はこの場合のエネルギー帯図である．正孔が表面に集まるために表面付近の準位は上側に曲がる．

(a) 電界の様子

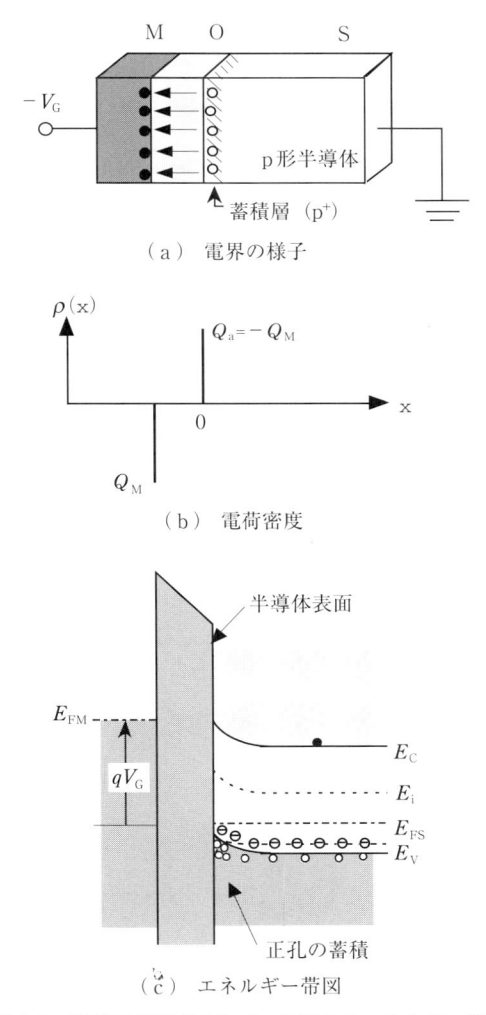

(b) 電荷密度

(c) エネルギー帯図

図 5.2 蓄積層が形成されている場合のエネルギー帯図

(b) V_G が正の場合（空乏層の形成）

p形半導体に対して金属に正の電圧を加えた場合は多数キャリアである正孔が電界によって半導体表面から遠ざけられ，図 5.3(a) のように半導体の表面には空乏層が生じる．この空乏層には図 5.3(b) に示すように負電荷をもつア

クセプタイオンが残る．単位面積当たりの金属表面の電荷を Q_M，空乏層の電荷を Q_S とすると，両者には $Q_M = -Q_S$ の関係が成り立つ．また，図 5.3(c) に示すように半導体表面のエネルギーバンドは V_S だけ下側に曲がり，空乏層は半導体側に x_d だけ広がっている．Q_S は次式で表される．

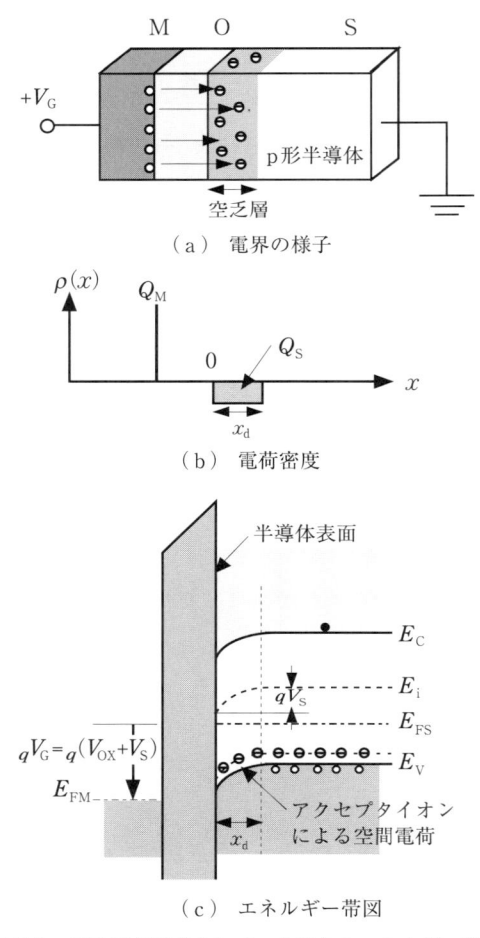

$$Q_S = -qN_a x_d \tag{5.2}$$

(a) 電界の様子

(b) 電荷密度

(c) エネルギー帯図

図 5.3　空乏層が形成されている場合のエネルギー帯図

この V_S は式(3.17)や式(3.35)と同様のポアソンの方程式を用いると計算することができる．ここで，電荷密度は式(5.2)で与えられ，$x=0$ の表面電位 $V(0)=V_S$，空乏層の端 x_d で $V(x_d)=0$，$dV/dx=0$ の境界条件のもとに方程式を解くと，

$$V(x) = V_S\left(1 - \frac{x}{x_d}\right)^2, \quad V_S = \frac{qN_a x_d^2}{2\varepsilon_s \varepsilon_0} \tag{5.3}$$

が得られる．

（c） V_G が正で大きい場合（反転層の形成）

金属電極の正の電圧を大きくしていった場合を図5.4(a)に示す．半導体表面のエネルギーバンドはさらに下側に曲げられ，空乏層も広がっていく．強い電界で半導体表面に電子が引き寄せられるようになり，ある電圧を境として表面がn形化する．このように半導体の表面が基板と逆の極性をもっているので，この領域を反転層（inversion layer）と呼ぶ．いったん反転層が形成されると，V_G の増加に対して反転層内の電荷が増加し，空乏層は最大幅 x_{dMAX} 以上には広がらなくなる．

図5.4(b)のように Q_M は空乏層の電荷 Q_{SMAX} と反転層の電荷 Q_n の和で表され，

$$Q_M = -(Q_{SMAX} + Q_n) \tag{5.4}$$

となる．反転層の形成後は空乏層幅が広がらないので Q_{SMAX} は一定値をとり，その後の Q_M の増加で反転層の電荷 Q_n が大きくなる．つまり，金属電極に加えられた電圧によって反転層の導電率が制御でき，この反転層を伝導チャネルとして用いたのが MOSFET である．

次に，反転層が形成される電圧と反転層内の電荷量について考えてみる．図5.4(c)のエネルギー帯図のように qV_S だけエネルギーバンドが下方に押し曲げられ，禁制帯の中央（E_i）が半導体のフェルミレベル E_{FS} より下に位置するときから，原理的には p 形半導体の表面が n 形化し始める．この状態を弱い反転状態（weak inversion）と呼び，伝導帯下端 E_c の表面近傍に少数キャリア（この場合は電子）が誘起される．

ただし，この状態ではキャリア密度が低いためデバイスとしては利用されない．一般には，p 形基板の正孔密度と同等の密度となるまで表面に電子が誘起

(a) 電界の様子

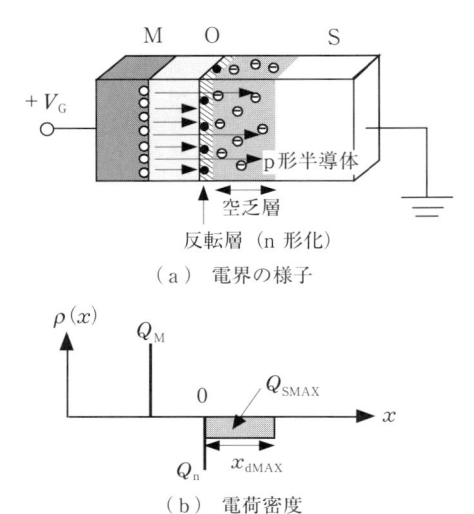

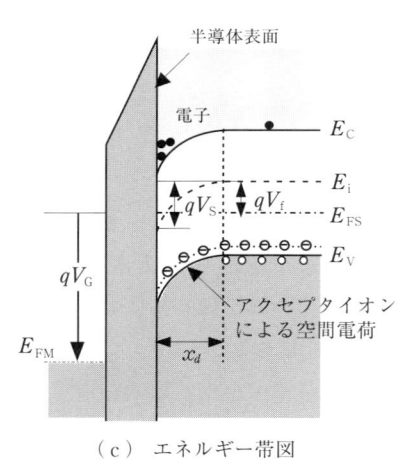

(b) 電荷密度

(c) エネルギー帯図

図 5.4 反転層が形成されている場合のエネルギー帯図

されたときを反転層が形成されたと定義し，弱い反転状態と対比してこの場合を強い反転状態（strong inversion）と呼ぶ．このときの半導体表面の電位 V_{Sinv} は

$$V_{\mathrm{Sinv}} = 2V_{\mathrm{f}} \tag{5.5}$$

と表される．一方，強い反転状態における空乏層の最大幅 x_{dMAX} は，式(5.3)および式(5.5)を用いると，

$$x_{dMAX} = 2\sqrt{\frac{\varepsilon_s \varepsilon_0 V_f}{qN_a}}$$

$$= \sqrt{\frac{2\varepsilon_s \varepsilon_0 V_{Sinv}}{qN_a}} \tag{5.6}$$

と求まる．また，空乏層内の電荷 Q_{SMAX} は式(5.2)と式(5.6)から次式で得られる．

$$Q_{SMAX} = -qN_a\, x_{dMAX} = -2\sqrt{q\varepsilon_s \varepsilon_0 N_a V_f} \tag{5.7}$$

図5.5にMOS構造における静電容量の等価回路を示す．MOS構造がもつ単位面積当たりの静電容量は酸化膜のもつ静電容量 C_{ox} と半導体表面の空乏層容量 C_d との直列合成容量 C となる．ここで，$C_{ox} = \varepsilon_{ox}\varepsilon_0/x_{ox}$，$C_{Si} = \varepsilon_s\varepsilon_0/x_d$ である．

一方，電極に印加された電圧 V_G は，酸化膜と半導体に加わる電圧の和となるので次式で表される．

$$V_G = V_{ox} + V_S = -\frac{Q_S}{C_{ox}} + V_S \tag{5.8}$$

反転層が形成される印加電圧をしきい値電圧 V_T （threshold voltage）と呼び，反転状態が起こったときの酸化膜にかかる電圧とSiのバンドの曲がりの

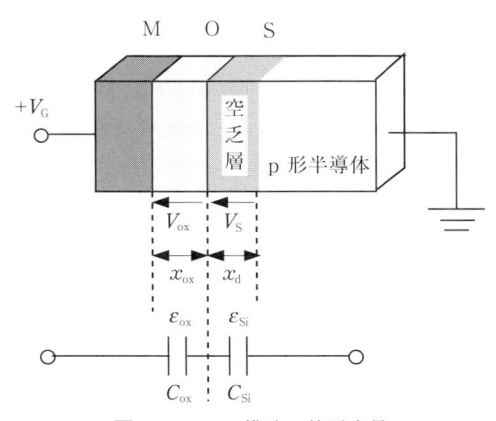

図5.5 MOS構造の静電容量

和で表される.空乏層が最大幅 x_{dMAX} をとることから次式のように求められる.

$$V_T = \frac{qN_a x_{dMAX}}{C_{ox}} + 2V_f \tag{5.9}$$

次に,MOS 構造における印加電圧と容量との関係について考える.酸化膜と空乏層の容量をそれぞれ C_{ox} と C_{Si} とすると直列の合成容量 C は次式となる.

$$\frac{1}{C} = \frac{1}{C_{ox}} + \frac{1}{C_{Si}} \tag{5.10}$$

蓄積層が形成される電圧条件下では,空乏層が形成されないので酸化膜による容量 C_{ox} のみとなる.しかしその他の場合は,金属電極の電圧によって半導体側に空乏層や反転層が形成されるため,その容量値は特徴的な電圧依存性を示すことになる.空乏層が形成されている場合の MOS 容量は式(5.3),(5.8)および式(5.10)を用いると,

$$\frac{1}{C} = \frac{1}{C_{ox}} \sqrt{1 + \frac{2\varepsilon_{ox}^2 \varepsilon_0}{qN_a \varepsilon_s x_{ox}^2} \cdot V_G} \tag{5.11}$$

となる.しきい値電圧において空乏層は最大幅 x_{dMAX} をとり,空乏層容量の最低値は $C_{SiMIN} = \varepsilon_s \varepsilon_0 / x_{dMAX}$ となる.また,合成容量は最低値 C_{MIN} をとり,次式で表される.

$$C_{MIN} = \frac{C_{ox} \cdot C_{SiMIN}}{C_{ox} + C_{SiMIN}} \tag{5.12}$$

ゲート電圧と MOS 容量の容量-電圧特性曲線は図5.6で示される.これまでは空乏層にはキャリアはないとする空乏近似に基づいて説明してきたが,実際の MOS 構造の容量-電圧特性は図に示すようになだらかに変化する.ここで,① は高周波(たとえば,1 MHz),② は低周波(たとえば,10 Hz)に対する容量変化である.ゲート電圧が負電圧で蓄積層が形成されるとき,C は酸化膜の容量 C_{ox} に等しくなる.ゲート電圧が正で空乏層が形成されると空乏層容量 C_d が直列に入るため C は V_G の増加につれて減少する.

ゲート電圧が V_T 以上において空乏層幅は x_{dMAX} とほぼ一定となるため,高周

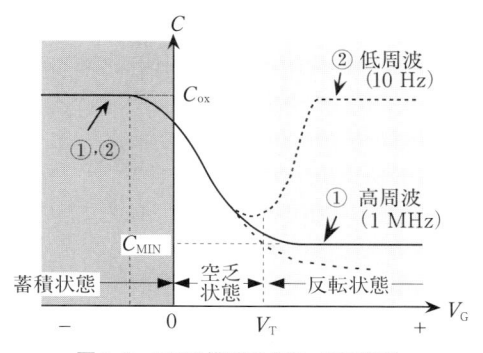

図 5.6 MOS構造の容量-電圧特性

波に対する C は曲線 ① のように一定値となる．ところが低周波に対しては，ゲート電圧の変化に対して反転層内のキャリア密度変化が追従するようになるので，C は図中 ② の曲線のように酸化膜の容量 C_ox に等しくなる．この現象は反転層へのキャリアの供給がある場合，たとえば，図5.7に示ようなMOSFETでソース電極 S と基板が接地されている場合にも起こり，ゲート電極からみた容量-電圧曲線は高周波でも低周波でも ② の曲線となる．図中の C の最小値はしきい値電圧 V_T よりも少し手前で生じている．これは反転層の形成を式 (5.7) のように定義したが，実際にはそれ以前から弱い反転が始まっているためである．

これまでは簡単化のために，金属と Si 間の仕事関数の差はなく，酸化膜中や酸化膜と Si 界面にも電荷はないと考えた．実際には，それらが存在し，ゲート電圧が 0 でもエネルギーバンドに曲がりが生じている．ゲート電圧が印加されないときに半導体表面のエネルギーバンドの曲がりを補正するために必要なゲート電圧をフラットバンド電圧（V_FB：flat band voltage）という．V_FB は酸化膜中や界面に捕獲されている電荷を Q_TR，E_FM と E_FS をそれぞれ金属と半導体のフェルミ準位とすると，次式で表される．

$$V_\mathrm{FB} = \frac{1}{q}(E_\mathrm{FM} - E_\mathrm{FS}) + \left(-\frac{Q_\mathrm{TR}}{C_\mathrm{ox}}\right) \tag{5.13}$$

5.2.2 MOSFET の電気的特性

MOSFET の構造を図 5.7 に示す．MOS 構造の金属をゲート（gate）とし，半導体表面にできる反転層を電流の流れるチャネル（channel）として用い，チャネルと同伝導型になるように MOS 構造の左右にソース（source）およびドレイン（drain）領域を形成する．

図のように n 形反転層がチャネルになっている MOSFET を n チャネル MOSFET，反対に p 形反転層がチャネルになっているものを p チャネル MOSFET という．

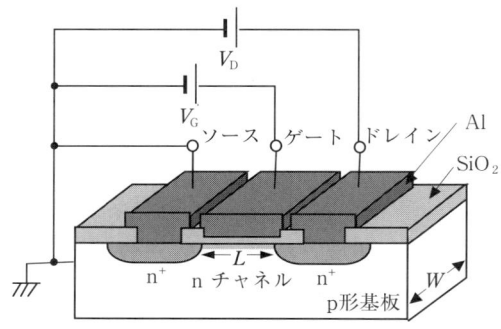

図 5.7 MOSFET の構造

反転層が形成されたあと（$V_G > V_T$）の反転層内のキャリア密度 Q_n は，式 (5.4) および式 (5.9) を参考にすると次のように書ける．

$$Q_n = -Q_M - Q_{SMAX} = C_{ox}(V_G - V_T) \tag{5.14}$$

ソース・ドレイン間の電圧がゲート電圧に比べて十分小さいときは，反転層はゲート下に均等に形成され，チャネルの導電率は反転層に誘起されたキャリアの密度に比例する（図 5.8(a)）．

チャネルの寸法についてチャネル長を L，チャネル幅を W とすれば，反転層形成後の電極 S と電極 D 間のチャネルコンダクタンス g は電荷密度 $n(y)$ の分布を考慮すれば次のように書ける．ただし，y はチャネルの深さ方向で y_i は反転層の深さを示す．

$$g = \frac{W}{L} \int_0^{y_i} q\mu_n n(y)\,dy \tag{5.15}$$

(a) 線形領域, $0<V_D<V_G-V_T$

(b) ピンチオフ, $V_D=V_G-V_T$

(c) 飽和領域, $V_D>V_G-V_T$

図 5.8 MOSFET の動作原理

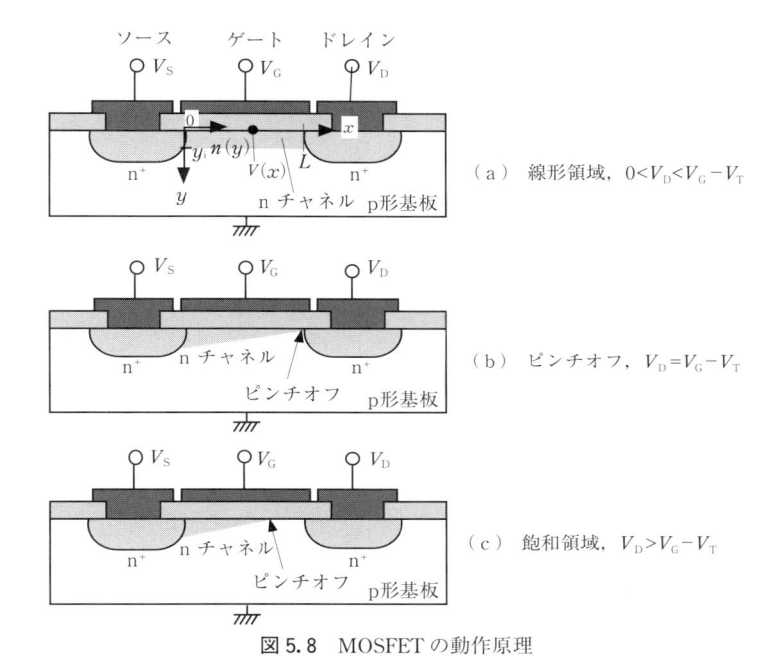

ここで積分項は，単位面積当たりの電荷 Q_n を使って表すことができ，さらに式(5.14)を用いて，

$$g = \frac{W}{L}\mu_n Q_n(inv) = \frac{W}{L}\mu_n C_{ox}(V_G - V_T) \tag{5.16}$$

となり，チャネルコンダクタンスは C_{ox} と (V_G-V_T) に比例し L に反比例する．ソース・ドレイン間に微小なバイアスを加えたときの，ゲート電圧に対するドレイン電流の関係（伝達特性）は図 5.9(a)のようになる．

ソース・ドレイン間のバイアスを大きくするとゲート電圧との関係で，図 5.8(b)のように反転層の電荷はゲート電極下で均一でなくなってくる．ドレイン電圧が増加すると，チャネル電流による電圧降下のためにチャネル内の電位が増加し，チャネル（n 形）と基板（p 形）の間の逆方向電圧が増加する．このために空乏層が広がるとともに $Q_n(x)$ が減少し，最終的にはチャネルを遮断する．これをピンチオフ（pinch off）といい，そのときの V_D をピンチオフ電圧という．

(a) 伝達特性　　　　　　　　(b) 出力特性

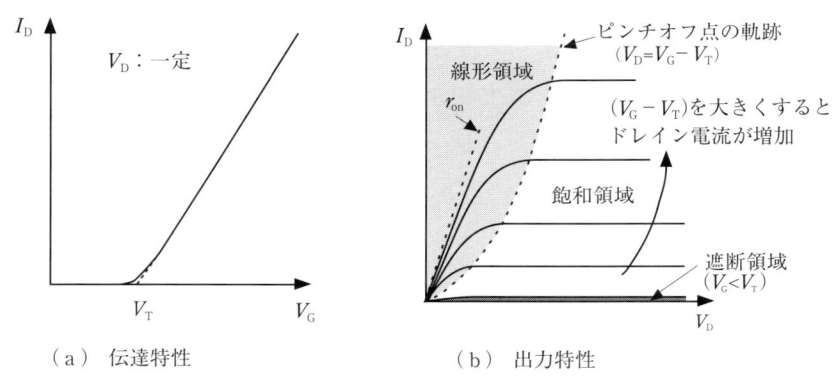

図 5.9　MOSFET の電気的特性

ピンチオフ電圧は $V_P = V_G - V_T$ で与えられる．ピンチオフになると電流はそれ以上増えなくなり，V_D を増加してもピンチオフの点がソース側に移動するだけで電流値はほとんど変わらない．ピンチオフ点からドレインまでは空乏層となっており，ソースから，注入されたキャリアはドレインに排出されドレイン電流となる．

ピンチオフが生じていないときのドレイン電流は，ソースからの距離 x における単位面積当たりの電荷を $Q_n(x)$ を用いて次式のように書ける．

$$I_D = W \mu_n Q_n(x) \frac{-dV}{dx} \tag{5.17}$$

$Q_n(x)$ と V_T との関係から

$$V_G = V_T - \frac{Q_n(x)}{C_{ox}} + V(x) \tag{5.18}$$

であるので，式 (5.17) は次のように整理できる．

$$\frac{dV}{dx} = \frac{I_D}{W \mu_n C_{ox} \{V_G - V_T - V(x)\}} \tag{5.19}$$

電流の連続性により I_D は一定である．この微分方程式を解くと，

$$I_D \int_{x=0}^{x=L} dx = W \mu_n C_{ox} \int_{V=0}^{V=V_D} \{V_G - V_T - V(x)\} dV$$

$$\therefore \quad I_\mathrm{D} = \frac{W}{L}\mu_\mathrm{n} C_\mathrm{ox}\left\{(V_\mathrm{G}-V_\mathrm{T})V_\mathrm{D} - \frac{1}{2}V_\mathrm{D}^2\right\} \tag{5.20}$$

となる．式(5.20)において，$V_\mathrm{D} \ll V_\mathrm{G}-V_\mathrm{T}$ ならば

$$I_\mathrm{D} = \frac{W}{L}\mu_\mathrm{n} C_\mathrm{ox}(V_\mathrm{G}-V_\mathrm{T})V_\mathrm{D} \tag{5.21}$$

となり，この結果は式(5.16)と一致する．このようなドレイン電流がドレイン電圧に比例する領域を線形領域（linear region）という．

ドレイン電圧を大きくするとドレイン電流は増加するが，前述のようにピンチオフが生じたときドレイン電流はそれ以上に増えず，一定値になる．ドレイン電圧をピンチオフ電圧と等しくすると（$V_\mathrm{D} = V_\mathrm{G}-V_\mathrm{T}$），ドレイン電流 I_D は最大値 I_Dmax となる．

$$I_\mathrm{Dmax} = \frac{W}{2L}\mu_\mathrm{n} C_\mathrm{ox}(V_\mathrm{G}-V_\mathrm{T})^2 \tag{5.22}$$

$V_\mathrm{D} > V_\mathrm{G}-V_\mathrm{T}$ のときは，ピンチオフ点がソース側に移動するだけで，ドレイン電圧を増加してもドレイン電流は変化しない．このように，ドレイン電流は一定値に飽和するので，この領域を飽和領域（saturated region）という．以上の結果，MOSFETの出力特性は図5.9(b)のようになる．

pチャネルMOSFETの電気的特性については，ソースに対するゲートとドレインの印加電圧の極性を逆にすれば同様に考えることができ，図5.10に示すような伝達特性となる．これまでの議論では，ゲートの印加電圧を加えることによりチャネルが形成されるとしたが，不純物の注入によってチャネルを最初から形成しておくこともできる．この場合，ゲート電圧が0でもドレイン電流が流れる．

図5.10のように，ゲート電圧の印加によりドレイン電流が流れ出すMOSFETをエンハンスメント形，ゲート電圧が0Vでもドレイン電流が流れているものをデプレッション形とそれぞれ呼んでいる．

ゲートは電気的に絶縁されており，入力電流はほとんど流れないので，MOSFETの電流増幅作用は考えられない．FETの増幅動作を表す場合は，入力電圧と出力電流との関係である伝達特性を用いる．伝達特性を表すパラメータとして相互コンダクタンス（g_m）を次式のように定義する．

図 5.10 MOSFET の V_G–I_D 曲線

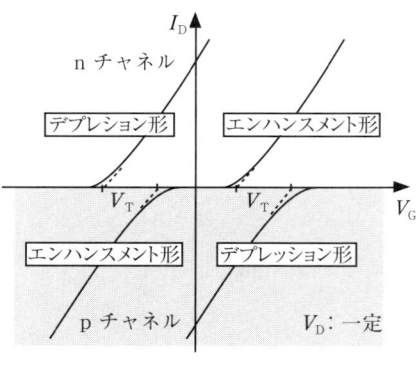

表 5.1 ユニポーラデバイスとバイポーラデバイスとの比較

項目	バイポーラトランジスタ	n チャネル MOSFET
キャリアの輸送	拡散	ドリフト
主要なキャリア	少数キャリア	多数キャリア
増幅率を表す指数	α または β $\alpha \cong \dfrac{1 - \dfrac{1}{2} \cdot \left(\dfrac{w}{L_n}\right)^2}{1 + \dfrac{\sigma_B}{\sigma_E} \cdot \dfrac{w}{L_p}}$	g_m $g_m = \dfrac{W}{L} \mu_n C_{ox}(V_G - V_T)$ （飽和領域）
増幅率の大きさ	$\beta \gg 1$, 大きい.	g_m はあまり大きくない.
入力インピーダンス	電流を流すことによって動作させるので, あまり大きくない.	直流の入力インピーダンスは無限大
入出力特性	線形, $I_C = \alpha I_E = \beta I_B$	2乗特性 $I_{DS} = \dfrac{W}{2L} \mu_n C_{ox}(V_G - V_T)^2$

$$g_\mathrm{m} = \left.\frac{dI_\mathrm{D}}{dV_\mathrm{G}}\right|_{V_\mathrm{D}=\text{const.}} = \frac{W}{L}\mu_\mathrm{n} C_\mathrm{ox} V_\mathrm{D} \qquad \text{(線形領域)}$$
$$= \frac{W}{L}\mu_\mathrm{n} C_\mathrm{ox} (V_\mathrm{G}-V_\mathrm{T}) \quad \text{(飽和領域)} \qquad (5.23)$$

g_m の値は，通常 0.5～数 mS である．以上述べたように MOSFET は入力電圧によって出力電流を制御する素子である．MOSFET の入力インピーダンスはきわめて高く，またソース・ドレイン間の出力インピーダンスも比較的高いユニポーラデバイスである．

バイポーラデバイスと n チャネル MOSFET の性質を比較したものを表 5.1 に示す．

5.3 接合形電界効果トランジスタ

接合形電界効果トランジスタ（略して JFET）の構造を図 5.11 に示す．比較的抵抗率の高い半導体の両端にオーム接触により形成されたソース（S）とドレイン（D）電極がある．これとは別に中央付近に pn 接合により形成されたゲート（G）電極をもっており，ゲートで挟まれた電流経路がチャネルとなる．図のように n 形半導体がチャネルになっているものを n チャネル JFET，逆にチャネルが p 形半導体のものを p チャネル JFET という．

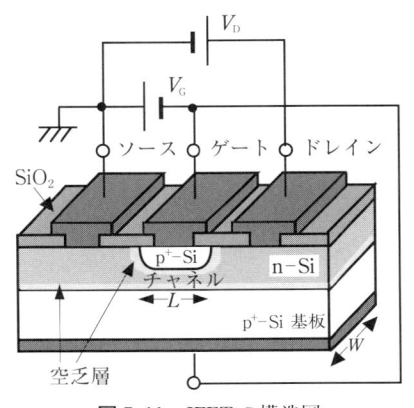

図 5.11 JFET の構造図

ゲート・ソース間には電流が流れないように逆バイアスを加え，ゲート電圧（V_G）により空乏層幅を変化させることによってチャネル幅が制御される．そのため，ドレイン・ソース間電圧（V_D）によるドレイン電流がゲート電圧によって制御される構造となっている．図5.12の定量解析モデルからJFETの電流・電圧特性を考える．

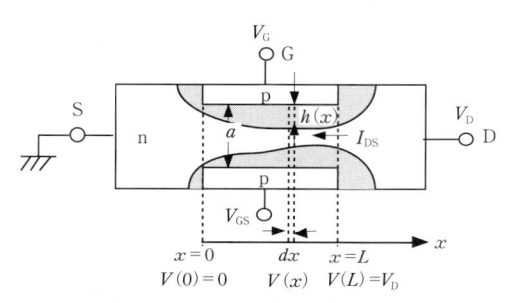

図5.12 JFETの定量解析モデル

pn接合をゲートに用いたJFETの場合，ゲート領域を形成するp形層の不純物密度がきわめて高いので，空乏層はすべてチャネル層（n形層）に広がる．図において$x=0$から$x=L$までがチャネル，チャネル部分の厚さをa，空乏層幅を$h(x)$とする．紙面に垂直方向のチャネル幅をWとする．位置xにおけるチャネルの電位を$V(x)$とし，$x \sim x+dx$間の抵抗を$dR(x)$とすると，

$$dR(x) = \frac{dx}{q\mu_n n\{a - 2h(x)\}W} \tag{5.24}$$

となる．次に，位置xで空乏層に加えられている電圧を$V(x)$，拡散電位をV_dとし，$N_a \gg N_d$として式(3.27)を用いると$h(x)$は，

$$h(x) = \sqrt{\frac{2\varepsilon_s\varepsilon_0}{qN_d}(V(x) + V_d - V_G)} \tag{5.25}$$

となる．いま，ドレイン電流I_Dは次式で与えられる．

$$I_D = \frac{dV}{dR(x)} = q\mu_n n\{a - 2h(x)\}W\frac{dV}{dx} \tag{5.26}$$

ドレイン電流I_Dはチャネル内で連続であり，伝導電子密度はドナー密度

(N_D) にほぼ等しいので，ソースからドレインまでで積分を計算すれば，

$$\int_0^L I_D dx = q\mu_n nW \int_0^L \{a - 2h(x)\}\frac{dV}{dx}dx$$

$$= q\mu_n nW \int_0^{V_D} \{a - 2h(x)\}dV$$

$$I_D = \frac{q\mu_n N_d Wa}{L}\left[V_D - \frac{2}{3}\sqrt{\frac{8\varepsilon_s\varepsilon_0}{qN_d a^2}}\left\{(V_D + V_d - V_G)^{3/2} - (V_d - V_G)^{3/2}\right\}\right] \quad (5.27)$$

となる．$V_D \ll (V_d - V_G)$ ならば，ドレイン電流はドレイン電圧にほぼ比例し，図5.13(b)の線形領域の特性を示す．

$2h(x)$ が a となる点でピンチオフとなり，ドレイン電流の飽和が起こる．このときの V_D を V_{Dsat} とすれば式(5.25)より，

$$V_{Dsat} = \frac{qN_d a^2}{8\varepsilon_s\varepsilon_0} - V_d + V_G \quad (5.28)$$

となる．飽和領域のドレイン電流 I_{Dsat} と相互コンダクタンス g_m はそれぞれ，

$$I_{Dsat} = \frac{q\mu_n N_d Wa}{L}\left[\left\{\frac{2}{3}\sqrt{\frac{8\varepsilon_s\varepsilon_0(V_d - V_G)}{qN_d a^2}} - 1\right\}(V_d - V_G) + \frac{1}{3}\frac{qN_d a^2}{8\varepsilon_s\varepsilon_0}\right] \quad (5.29)$$

$$g_{msat} = \frac{\partial I_{Dsat}}{\partial V_G} = \frac{q\mu_n N_d Wa^2}{L}\left\{1 - \sqrt{\frac{8\varepsilon_s\varepsilon_0(V_d - V_G)}{qN_d a^2}}\right\} \quad (5.30)$$

と解け，図5.13(b)の飽和領域に示すように電流はほぼ一定値になる．g_m の最大値は，V_G が0で，かつドレイン電流が飽和するまで V_D が加わったときに得られ，通常0.5～数mSである．大きい g_m を得るためには，移動度と不純物

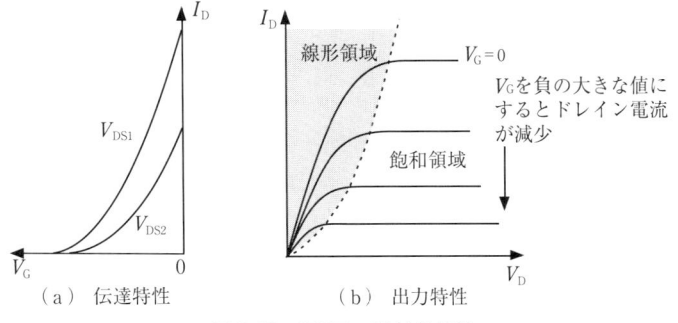

図5.13 JFETの電気的特性

密度の大きい材料を用いると同時にチャネル幅を大きくし，かつチャネル長を小さくする必要がある．以上の解析から，JFETの伝達特性は図5.13(a)のようになる．

5.4 MES形電界効果トランジスタ

GaAsなどの化合物半導体はSiと比較して電子の移動度が大きいので，デバイスの高速動作に有利であるが，Siに対するSi酸化膜のように良好な界面特性をもつ絶縁膜を形成できないので，ショットキー接触を利用したMESFETがつくられている．

MESFETの構造を図5.14に示す．n形GaAs半導体（電子がキャリア）の上に，ショットキー接触になるようにゲート電極がつくられている．ソースおよびドレイン電極はオーム性接触でつくられている．図のようにソース電極を接地，ドレイン電極を正にバイアスした状態で，ゲート電極を変化（負バイアス）させることによって空乏層幅が伸縮でき，ドレイン電流を制御することができる．

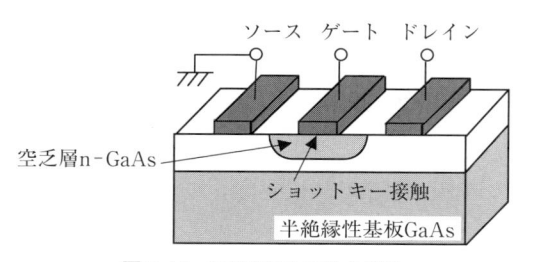

図 5.14　MESFETの基本構造

このようにMESFETは電圧制御形の電流増幅素子で，ゲート電極に整流性接触を使っていることを除けばSiのJFETと動作原理が同じである．化合物半導体を基板に用いてトランジスタを製作する場合，MES構造が適しており，高速動作デバイスとして広く利用されている．

5.5 HEMT

　超高速動作が可能なデバイスを作製するためには，キャリア移動度の高い材料を用いると同時に，不純物散乱など移動度の低下する要因を取り除かなければならない．HEMT（high electron mobility transistor）は，キャリア（電子）を供給する電子供給層とキャリアが走行するチャネル層が分離された構造をもつ化合物半導体を基板として用いた超高速デバイスである．

　GaAs を基板とした HEMT の基本構造とバンド構造を図 5.15(a) と (b) にそれぞれ示す．この HEMT ではチャネル層に不純物をドープしていない GaAs を，電子供給層に AlGaAs をそれぞれ用いている．GaAs と AlGaAs では良好なヘテロ接合が形成可能である．不純物がドープされた電子供給層から発生した電子が GaAs とチャネル層との界面の GaAs チャネル層側に蓄積され，薄い電子蓄積層が形成される．この電子蓄積層の厚さは 100 nm 程度ときわめて薄く，2 次元電子ガス層と呼んでいる．キャリアの散乱源となるイオン化したドナーが存在する AlGaAs 層と，キャリアが存在する GaAs 層とは空間的に分離されているので，電子走行時の不純物散乱が減少して大きな移動度が得られる．

　MESFET と同様にゲート電極はショットキー接触により形成している．HEMT はゲートに印加する電圧によってヘテロ界面のポテンシャル障壁を制御し，2 次元電子ガス層の電子数を増減させることで動作する．GaAs–HEMT の使用周波数は通常 20 GHz 以上である．

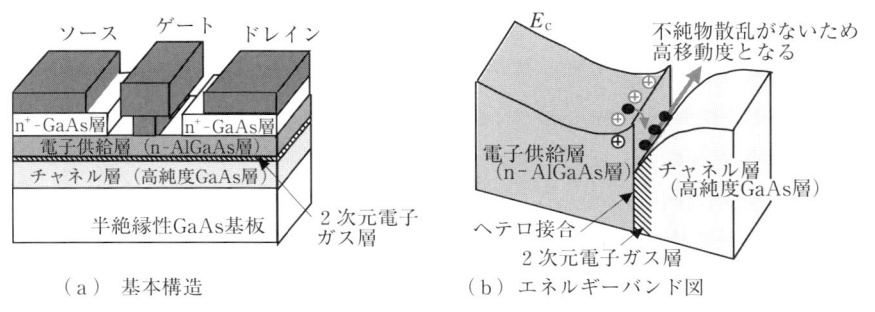

図 5.15　HEMT の基本構造とバンド構造

演習問題

1. 金属–酸化膜–p形SiのMOS構造において，酸化膜厚が$0.1\,\mu\mathrm{m}$，酸化膜とSiの比誘電率がそれぞれ3.8と12，p形Siのアクセプタ密度は$10^{22}\,\mathrm{m}^{-3}$，真性Siとの仕事関数差は$0.35\,\mathrm{eV}$として，以下の問いに答えよ．ただし，フラットバンド電圧は$0\,\mathrm{V}$とする．
   (1) 酸化膜の静電容量を求めよ．
   (2) 強い反転状態における空乏層幅を求めよ．
   (3) そのときのMOS構造の等価容量（高周波特性）を求めよ．
   (4) しきい値電圧を求めよ．

2. 前問のMOS構造にソース，ドレイン電極を形成してMOSFETとした．チャネル幅を$10\,\mu\mathrm{m}$，チャネル長を$1\,\mu\mathrm{m}$とし，チャネル内のキャリアの移動度を$0.07\,\mathrm{m}^2/\mathrm{Vs}$として，ゲート電圧に$5\,\mathrm{V}$を加えたとき，以下の問いに答えよ．
   (1) ドレイン電圧を$0.1\,\mathrm{V}$としてチャネルコンダクタンスと相互コンダクタンスをそれぞれ求めよ．
   (2) ドレイン電圧を$5\,\mathrm{V}$としてピンチオフ電圧を求めよ．
   (3) ドレイン電圧を$5\,\mathrm{V}$として飽和領域のドレイン電流を求めよ．

3. pチャネルMOSFETについて次の設問に答えよ．
   (1) フラットバンド状態のエネルギー帯図を描け．
   (2) 蓄積状態のエネルギー帯図を描け．
   (3) 空乏状態のエネルギー帯図を描け．
   (4) 反転状態のエネルギー帯図を描け．

6 集積回路

6.1 分類と特徴

集積回路（integrated circuit : IC）は，いろいろな回路機能を得るためにダイオード，トランジスタ，抵抗，コンデンサなどを一つの基板の上に電気的に接続させた回路をいう．図6.1に示すように，マイコン，テレビ，オーディオなどあらゆるものに集積回路が使用されている．とくに，電子計算機，飛行機

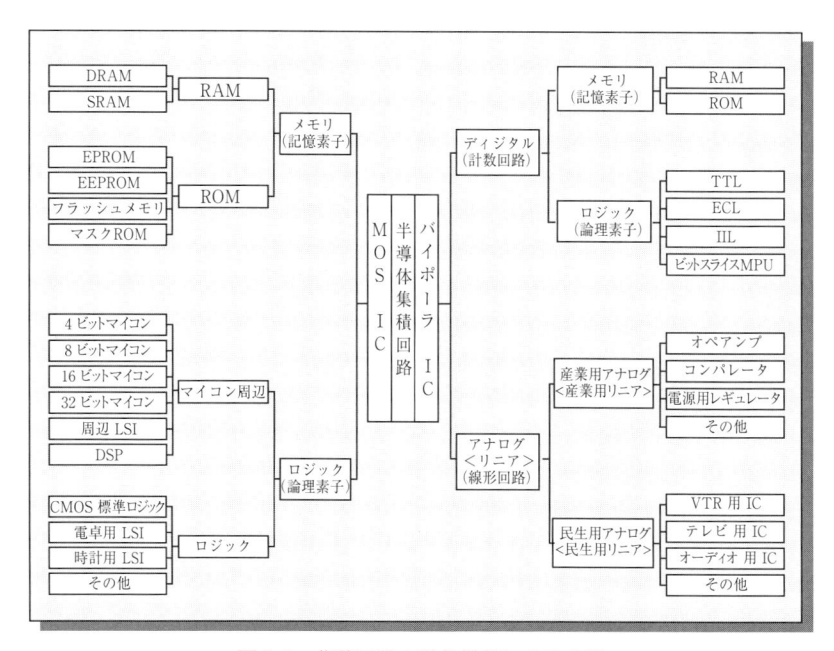

図6.1 集積回路の動作機能による分類

および人工衛星などに積み込む超小型装置のように素子数が非常に多く，かつ高信頼性が要求される電子機器にはなくてはならないものである．

集積回路には一般的に次の利点がある．
① 高速度，低消費電力，高信頼性
② 高性能化，高集積化，高機能
③ 構成素子の特性の均一化
④ 安価

集積回路は，回路を構成する素子がバイポーラトランジスタであるかMOS FETであるかによって，バイポーラ形集積回路とMOS形集積回路に区別される．また，扱う信号がアナログかディジタルかによっても区別され，前者をアナログ（リニア）集積回路，後者をディジタル集積回路という．

さらに，一つの基板上に組み込まれている素子数によっても区別され，表6.1のように基板上に数十の素子を組み込んだものを一般にSSI（small scale IC：小規模集積回路），100～1000個の素子を組み込んだものをMSI（medium scale IC：中規模集積回路），1000個以上の素子を組み込んだ大規模なICを総称してLSI（large scale IC：大規模集積回路）と呼ばれている．LSIは規模に応じて，VLSI（very large scale IC），ULSI（ultra large scale IC）などにも分類されている．

表6.1 集積回路の集積度による分類

IC (integrated circuit) の呼び名	集積度（素子数/チップ）	集積度
SSI（small scale integration）	～ 10^2	小規模
MSI（middle scale integration）	10^2 ～ 10^3	中規模
LSI（large scale integration）	10^2 ～ 10^5	大規模
VLSI（very large scale integration）	10^5 ～ 10^7	超大規模
ULSI（ultra large scale integration）	10^7 ～	超超大規模

6.2 バイポーラ形集積回路

5章で述べたように，MOSFET の出力電圧が入力電圧の2乗に比例するのに対して，バイポーラトランジスタの入出力特性は線形特性をもつので，アナログ集積回路にはバイポーラ形集積回路が広く用いられる．特に，線形性を利用するものはリニア集積回路とも呼ばれる．バイポーラトランジスタの高速性と電流駆動能力を利用したディジタル集積回路としては，TTL（transistor transistor logic）集積回路や ECL（emitter coupled logic）集積回路などがある．

バイポーラ形集積回路の断面構造を図 6.2 に示す．プレーナ構造のバイポーラ集積回路では pn 接合を素子分離に用いる．これは p 形基板を最低電位とし，また各素子は逆バイアスされた埋め込まれた n 形領域中に形成することで，隣の素子と電気的に分離するものである．しかし，n 形領域内に別のトランジスタを製作するので最低でも3回の不純物の拡散工程が必要となる．

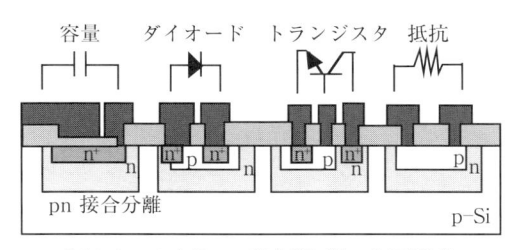

図 6.2 バイポーラ形集積回路の断面構造

（a）リニア集積回路

集積回路を構成するトランジスタや抵抗などの素子定数の絶対値は比較的大きなばらつきがあるが，同一基板内の素子定数の相対値精度は高い．また，抵抗やキャパシタはトランジスタと比較して大面積を必要とするので，リニア集積回路ではトランジスタを能動負荷とする差動増幅回路が一般的に用いられる．図 6.3 にリニア集積回路として広く用いられている 741 形演算増幅器の回路例を示す．

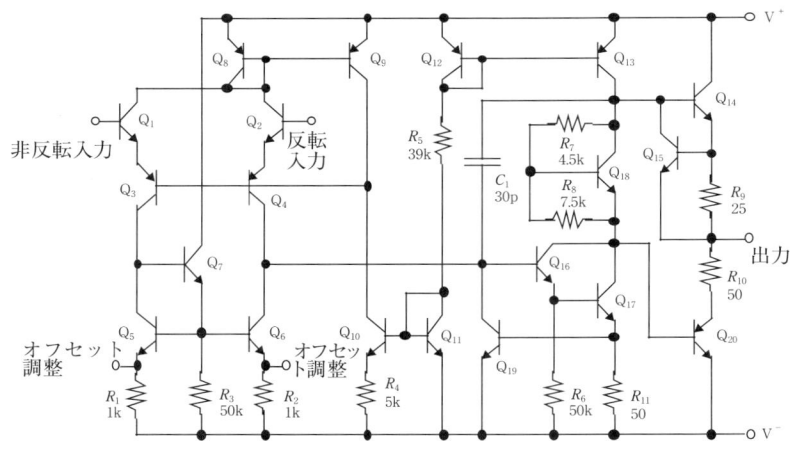

図 6.3 741 形汎用演算増幅器の回路例

（b） TTL 集積回路

TTL 集積回路の例を図 6.4 に示す．多数のエミッタ端子をもったトランジスタが AND 回路を構成し，次段のトランジスタで反転して NAND 回路にしたものである．すべての入力が高い電圧のとき Tr_2 がオンとなる．この場合，いずれか一つの入力が 0 電位になると，電流が R_1 を通じて Tr_1 のベースに流れ込む．Tr_1 の増幅作用で大きなコレクタ電流が流れて Tr_2 のコレクタ領域に蓄積されたキャリアがベース領域を通して放出されるので，スイッチング時間が短くなる．また，スイッチング時間を短くするためコレクタ領域に金などの不純物を添加する．TTL 集積回路は高速で，かつ価格も安いので広く使われている．

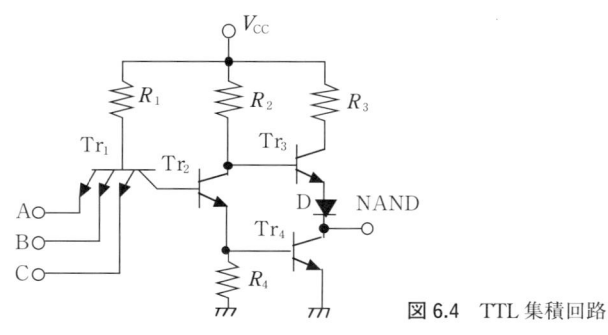

図 6.4 TTL 集積回路

（c） ECL 集積回路

ECL 集積回路は，図 6.5 に示すように差動増幅回路を用いて論理を構成し，コレクタ接地回路を出力として次段を駆動する構造になっている．A，B 端子に加えられた入力と，差動増幅回路のもう一方の入力 V_{BB}（しきい値）との比較により論理が決定される．出力信号は入力側のトランジスタのコレクタから取り出した場合は NOR 回路となり，他方のトランジスタのコレクタからは OR 出力となる．ECL 回路の場合は差動増幅器のトランジスタを飽和領域で動作させないようにエミッタ電流を制御して飽和領域での動作を回避し，電荷の蓄積を少なくして高速動作を実現している．

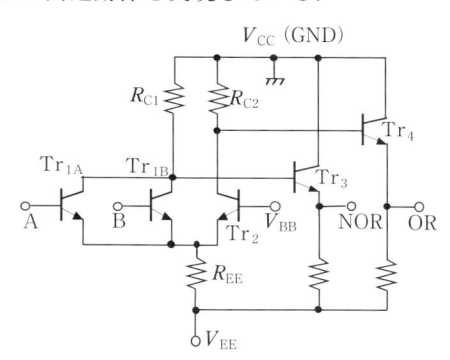

図 6.5　ECL 集積回路

6.3　MOS 形集積回路

MOS 形集積回路は MOSFET を能動素子として用いた集積回路である．これにはチャネルの抵抗を能動負荷に用いた n-MOS 集積回路や，p チャネル MOSFET と n チャネル MOSFET を組み合わせた相補形 MOS 集積回路（complementary MOSIC：CMOSIC）やメモリがある．MOS 形集積回路の断面構造を図 6.6 に示す．局所酸化または LOCOS（local oxidation of silicon）と呼ばれる部分的に厚く形成された酸化膜が素子分離用として用いられる．また，高集積化に有利な多結晶 Si をゲート電極（ポリシリコンゲート）に用いた MOS 構造が一般的である．

MOS形集積回路はバイポーラ形集積回路と比較して高集積化が可能なので

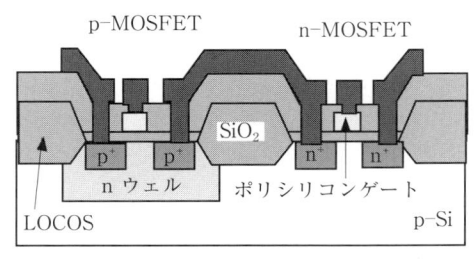

図 6.6　MOS 形集積回路の断面構造（CMOS）

VLSI や ULSI に広く使用されている．バイポーラトランジスタと MOSFET の断面構造とそれらの占有領域を比較したのが図 6.7 である．バイポーラトランジスタが pn 接合の空乏層の広がりまでも占有面積として考慮しなければならないのに対して，MOSFET は素子分離に pn 接合を用いる必要がないので占有領域は小さく，高集積化に有利であることが理解できる．

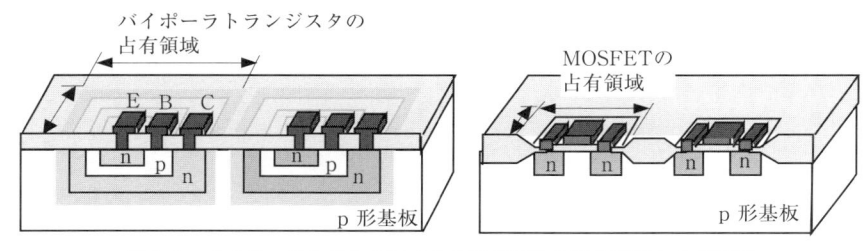

図 6.7　バイポーラトランジスタと MOSFET の基本構造と占有領域

（a）　CMOS 集積回路

CMOS IC の回路図を図 6.8 に示す．図からわかるように，n チャネル MOSFET と p チャネル MOSFET を結合させたものである．図 6.8(a) において入力電圧が高い場合，増幅用の n チャネル FET がオン，負荷用の p チャネル FET がオフとなるため出力は低い電圧になる．入力電圧が低いときは，動作は逆になり出力は高い電圧となる．このように入力に対して大きさの異なる電圧が出力されるのでインバータ回路と呼ばれる．図 6.8(b) は NAND 回路で，二つの入力に高い電圧が加えられたときのみ出力が低い電圧になり，その他の入力に対しては出力は高い電圧になる．

(a) インバータ回路　　　(b) NAND回路

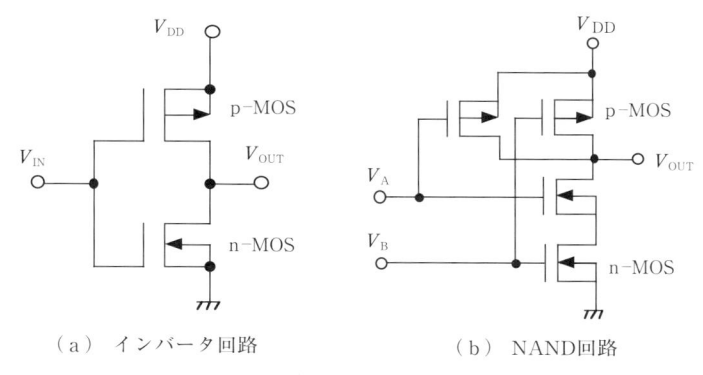

図6.8　CMOS集積回路

このようにCMOS回路は定常状態ではほとんど電流が流れず，状態が切り換わるときだけ電流が流れるので低消費電力である．一方，pチャネルとnチャネルFETをつくり分けなければならないために製作工程が増え，また比較的広い面積を要するので高密度の集積化に不利であった．しかし最近の微細加工技術の進歩でディジタル回路のほとんどはCMOS回路に移行している．

(b)　半導体メモリ

半導体メモリは，データの読み書きが可能なメモリ（random access memory：RAM），および読出し専用メモリ（read only memory：ROM）に大別される．フラッシュメモリはROMに分類されるが，需要が拡大し，主要なデバイスの一つとなっているため特に説明を加えておく．

① **RAM**

RAMは必要な情報を一時的に蓄えておき，随時に引き出すことのできるメモリで，書込みや読出しに要する時間（呼出し時間）がメモリセルの位置（アドレス）によらずつねに一定である．これにはスタティック形とダイナミック形がある．スタティックRAM（static RAM：SRAM）は，バイポーラトランジスタまたはMOSFETで構成することができ，一般に高速であるが，消費電力が大きく，集積度が低い．ダイナミックRAM（dynamic RAM：DRAM）は大容量，低消費電力，低価格であるが，低速であることと，リフレッシュ動作が必要であるという欠点をもつ．

② ROM

ROMは，書込みができないか，あるいは書換えに手間（高電圧，長時間）を要する読出し専用メモリである．これは，電源を切っても記憶情報を保持し続ける．アドレス線とデータ線の交点にトランジスタまたはダイオードをおき，この接続状態で情報を記憶させる．トランジスタの接続の有無（記憶情報）を製作時に決定するのをマスクROMといい，記憶内容の変更は不可能である．

また，製作後に書込みが可能なものをPROM（programmable ROM）という．記憶情報を破壊的動作（高電圧を使って断線させるなど）で書き込むものは書換えができないが，非破壊的操作（フローティングゲートに電荷の蓄積を行うなど）により情報を書き込むものは，複数回書換えが可能である．紫外線の照射により記憶を消去し，再書込みができるEPROM（electrically programmable ROM）や，電気的に消去・再書込みのできるEEPROM（electrically erasable programmable ROM）などがある．

③ フラッシュメモリ

フラッシュメモリ（flash memory）はEEPROMを発展させ，書換えによる劣化を抑え，消去に時間がかかる欠点をブロックで消去することで補うことから実用化が広まった，電気的に書換え（書込み/消去）可能な不揮発性メモリである．フラッシュの名称は一括に消去することに由来する．書込みは高速に加速した電子の（このような電子を熱い電子，ホットエレクトロン（hot electron）と呼ぶ）注入を，消去にはトンネル現象を用いる．

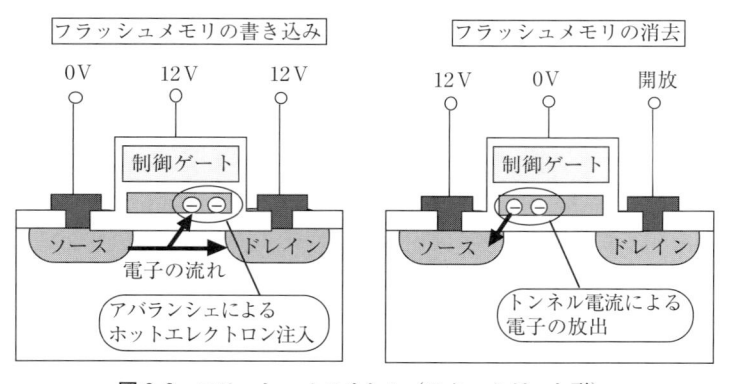

図6.9　フラッシュメモリセル（スタックゲート形）

代表的なメモリセルとしてスタックゲート形のフラッシュメモリセルを図6.9に示す．このセルは1トランジスタで構成され，高集積化に有利である．フローティングゲートに蓄積された電荷の有無によりトランジスタのしきい値が変化することを利用して記憶を行う．書込み時はゲート，ドレインに高電圧を与え，ソースを接地してホットエレクトロンをフローティングゲートに注入する．消去はソースに高電圧，ゲートを接地，ドレインを開放してトンネル現象によりフローティングゲートから電子を引き抜く．このような動作原理からゲート酸化膜は非常に薄くつくらなければならず，高度な製造技術を要する．

また，フラッシュメモリでは，消去時にフローティングゲートから過剰に電子が引き抜かれると，フローティングゲートが正に帯電し，トランジスタのしきい値電圧（V_T）が負になって正常な動作が不可能になる（過剰消去）．これを防ぐため，消去前にすべてのメモリセルに書込み（すべて'0'）を行い，さらに消去パルス印加後に消去状態を確認して最適な消去レベルで消去をストップする方法がとられる．読出しはV_Tの高低で決まり，ソースとドレイン間のスイッチのONとOFFで，データの'0'と'1'が判定される．

6.4 Bi-CMOS 集積回路

Bi-CMOS（bipolar complementary MOS）集積回路は，バイポーラ集積回

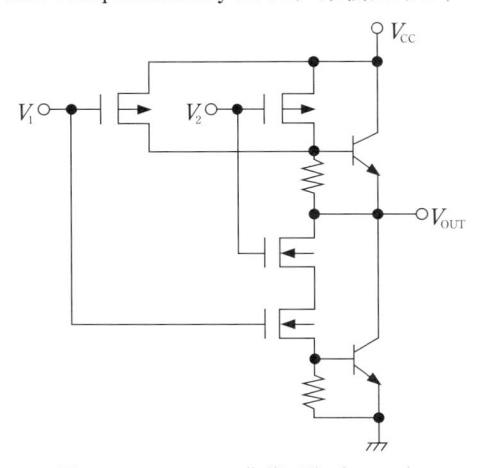

図6.10 Bi-CMOS 集積回路（NAND）

路と CMOS 集積回路を組み合わせたもので，バイポーラ集積回路のもつ高速性，大電流駆動能力，アナログ処理能力と CMOS 集積回路の微細化，低電力性を兼ね備えている．図 6.10 に示すように出力段につけたバイポーラトランジスタで回路の寄生容量の充放電を行うことで，伝搬遅延時間を従来のデバイスに比べて 50% 程度に低減できる．

また，アナログ回路をバイポーラトランジスタで，ディジタル回路を CMOS でそれぞれ分担して混載することにより，コンピュータに加えて，通信や自動車などの民生機器への幅広い応用が可能となった．

6.5 集積回路設計技術

図 6.11 に集積回路が開発される流れ図を示す．集積回路は，トランジスタをはじめたくさんの素子により構成される．また製作後に回路を変更すること

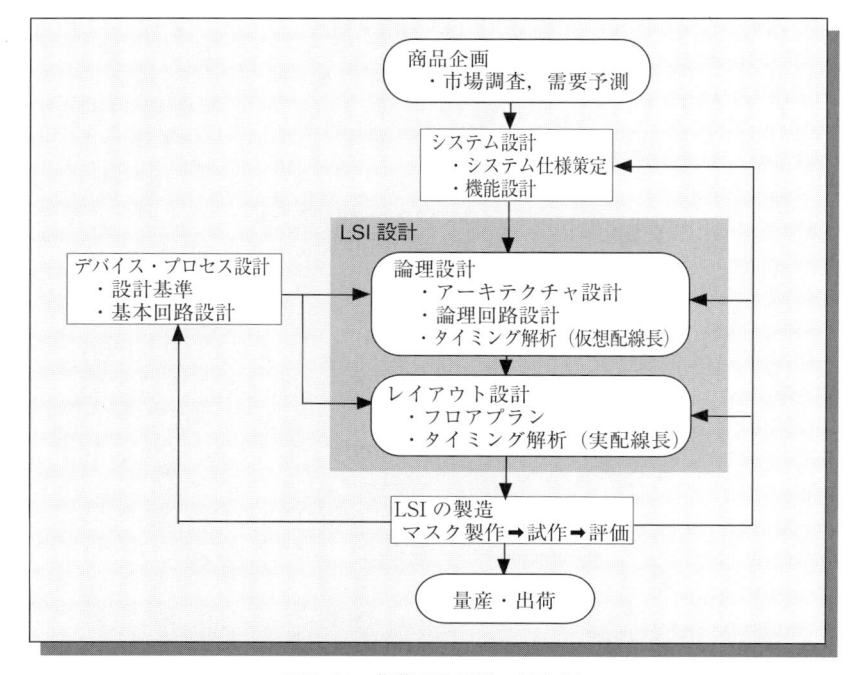

図 6.11 集積回路開発の流れ図

ができないので，普通の電子回路を設計するようなカット・アンド・トライでは設計できない．現在の大規模な集積回路の設計には，電子計算機の活用が必要不可欠である．まず計算機を用いた回路設計，シミュレーション，パターンレイアウトを行う．次に設計されたレイアウトに応じた数枚のフォトマスクが次章で説明するフォトリソグラフィ工程でつくられ，このマスクに応じた工程が順に繰り返されることにより設計どおりの集積回路が完成する．

(a) 回路設計技術

アナログ集積回路の設計は，個別素子で電子回路を設計するのと同様に，基本的には設計者が計算機上で個別素子を接続して回路の設計を行うことが多い．むろん，CAD（computer aided design）を用いて過去の設計資産（IP：intellectual property）を有効に活用することにより大規模な集積回路の設計を容易にしている．集積回路で実現できる回路素子には物理的な制約があるので，それを踏まえた設計が必要である．たとえば，容量や高抵抗を集積回路上に設けると，① 占有面積が大きくなる，② 微少なインダクタンスしかつくれない，③ 素子定数の確度が低い，などという欠点がある．しかし，比較的小さい面積で特性のそろったトランジスタがつくりやすいという利点から，アナログ集積回路ではトランジスタを多用した回路構成が行われている．

ディジタル集積回路の設計は，アーキテクチャ設計，論理回路設計，トランジスタ回路設計の三つの階層に分けて行うのが一般的である．これらの設計にも CAD が欠かせないツールになっている．図 6.12 に CAD 画面の例を示す．ハードウェア記述言語（HDL：hardware description language）を用いた回路記述と論理合成，および検証ツールは，ディジタル集積回路の設計環境を飛躍的に向上させた．現在，多くの半導体メーカはよく利用される機能ブロックや基本論理ゲートをマクロライブラリとして用意しており，ユーザはこれらを用いて論理設計を行えばよい．また，設計資産を組み合わせることにより多種多様な集積回路が短期間に設計されている．

(b) シミュレーション技術

アナログ集積回路は複雑で非線形な電子回路であり，回路動作は計算機シミュレーションにより解析するのが通例である．数値計算により解析を行うソフトウェアでは，アメリカのカリフォルニア大学（バークレイ校）で開発さ

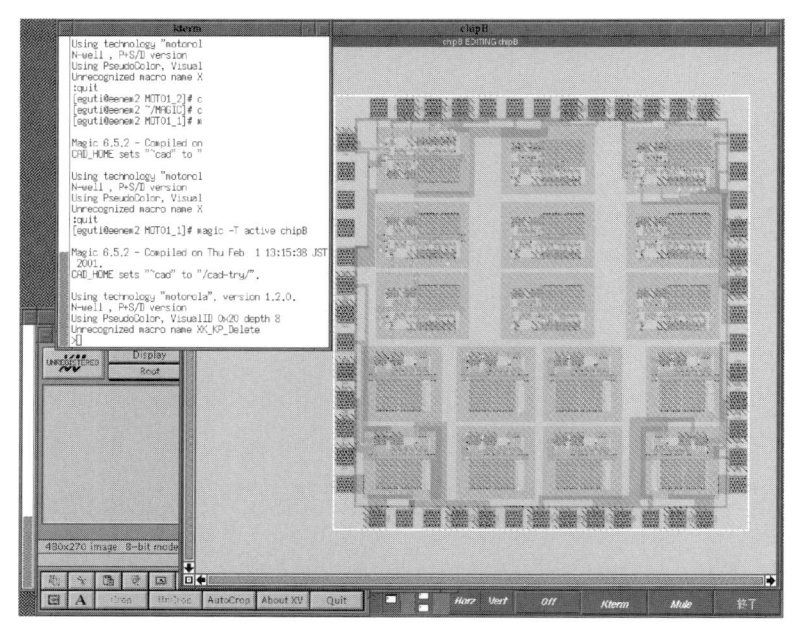

図 6.12　CAD 画面の例

れた「SPICE」が有名であり，回路のノードを指定し，そこに接続されるエレメントを等価回路の形で与えて数値解析を行う．現在は CAD ベンダがこれを独自に発展させたものがさまざまな製品として提供されている．

　ディジタル集積回路の動作検証には論理シミュレーションが用いられる．しかしながら，現在の集積回路の大規模化，高速化の要求により，論理シミュレーションによる検証だけでは論理設計どおりの動作は保証されない．論理素子間の接続の不具合，高速動作時の寄生素子による信号の伝搬遅延の影響などにより最終的にはアナログ的な回路検証が要求され，ディジタル・アナログ混在の回路シミュレータなどが開発されている．

　これらのシミュレーションは，設計技術と密接につながっているので，切り離して考えられず，集積回路設計の各段階において適当なシミュレーション技術が利用されている．

（ｃ）　パターンレイアウト設計

　回路動作が確認されると，パターンレイアウト設計に進む．レイアウト設計

とは，目的とする回路をシリコンウェーハ上に実現するため，拡散，コンタクトホール，アルミ配線などのパターンを具体的に配置，構成することをいう．LOCOS 構造により素子分離されたポリシリコンゲート n-MOSFET のマスクレイアウトとその断面構造の例を図 6.13 に示す．また，図 6.14 は同じ n-MOSFET をポジ形フォトレジストにより製作した場合に使用するフォトマスクの一例である．

　レイアウト設計は，回路設計とともにできあがった素子の能力や価格までも左右する．ここで要求される重要な項目としては，① 論理設計どおりの機能，性能を満たす，② できるだけ小さなチップサイズにする，③ 安価で短期間に完了する，などである．

　レイアウト設計では，数層から十数層の複雑な 2 次元パターンを扱うため，CAD による設計支援ツールが早くからとり入れられており，論理設計で決定された論理ゲートおよび接続データと半導体製造技術による寸法的な制約事項（これをデザインルールという）をもとに作業が行われる．デザインルールは IC のパターンを設計するときの各層あるいは各層間での最小図形配置寸法などをまとめたものであり，IC 製造方法と設計の間の共通語である．そのため，IC 製作プロセスの種類，製作ラインの種類，IC の種類などによって当然

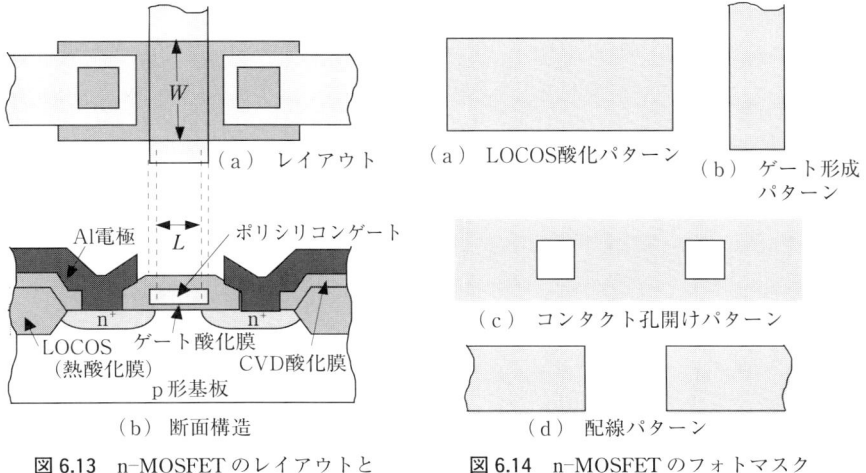

図 6.13　n-MOSFET のレイアウトと断面構造の関係

図 6.14　n-MOSFET のフォトマスク（ポジ形レジスト用）

異なってくる．このため半導体メーカは，プロセス，製作ラインに応じて，TEG（test element group）パターンの製作を行い，微細加工精度や電気的特性などからデザインルールを決めている．また，論理設計で用いられる機能ブロックや基本論理ゲートのレイアウトもライブラリとして用意している．

最初に，フロアプランニングと呼ばれる論理ブロック，論理セルの概略配置計画を行う．適切な素子配置が行われないと，チップ面積の増加，配線の寄生容量による動作不良，歩留りの悪化，価格の上昇を招いてしまう．LSIの高速化，高集積化の要求に伴い，チップ内での効率よい配置と配線の短縮化が必要である．フロアプランニングの後，論理ブロック，論理セル，I/Oセル（LSI外部との配線用セル）の配置とこれらの配線を行う．配置・配線処理はセミカスタム方式のLSI設計においては設計支援ツールによってほとんど自動化されている．

レイアウトの検証には次の2要素があげられる．一つはデザインルールチェック（DRC：design rule check）と呼ばれるもので，レイアウトの幾何学的な寸法と位置関係などを確認するものである．他方は，幾何学的な図形配置では確認できないような電気的な接続の確認である．図形の幾何学的配置からトランジスタなどの素子を抽出して電気的接続の確認を行うLVS（layout versus schematic）やERC（electrical rule check）と呼ばれる手法が用意されている．レイアウトを決定すると，より現実に近い寄生素子分を見積もることができる．これを含めて回路動作をシミュレーションし不具合があればレイアウト（場合によっては回路設計）をやり直して，最終的なレイアウトを完成させる．

演 習 問 題

1．ディジタル回路においてはMOS形集積回路の方がバイポーラ形と比較して広く用いられている．この理由を考えよ．
2．パーソナルコンピュータの主記憶装置にはどのようなメモリが使われているか調べよ．
3．ディジタルカメラの記憶素子にはどのタイプのメモリがおもに使われているか調べよ．
4．パーソナルコンピュータに用いられている主要なLSIについて調べよ．

7 Si 半導体デバイスの製作技術

　プレーナ形の拡散形 Si 半導体デバイスの製作工程は大別して，① pn 接合形成工程，② 組立工程の 2 種類に分けられる．これらはそれぞれ前工程，後工程とも呼ばれている．pn 接合工程には，① 洗浄工程，② 酸化工程，③ フォトリソグラフィ工程，④ 拡散工程，⑤ 成膜工程がある．また，組立工程には，① ダイシング工程，② マウント工程，③ ボンディング工程，④ 封入工程，⑤ 検査工程がある．ここでは，著者が所属する熊本電波高専の「半導体デバイス製作室」に設置された装置を例とした前工程の実施目的とその方法，ならびに後工程について述べる．

7.1 製作工程（前工程）

7.1.1 クリーンルーム

　LSI の集積度が増すとともに，使用されるトランジスタや配線などの寸法は減少する．たとえば，数百万素子が集積されたチップの MOS トランジスタのゲート長は最小で $0.1\,\mu m$ 以下である．人の髪の毛の太さは $\sim 100\,\mu m$ でバクテリアやウィルスの大きさよりも小さな微細加工が行われているのである．図 7.1 は DRAM の集積度と最小線幅の関係を示している．

　このようなレベルの微細加工は，もはや通常の環境では実現できず，空気中のパーティクルを取り除いたクリーンルーム内での作業が必要となる．図 7.2 と図 7.3 にクリーンルームの外観とその概念図をそれぞれ示す．温度，湿度をコントロールされた空気をフィルタに通し，パーティクルを取り除いた後，クリーンルーム内に供給する．一般に，フィルタを通った空気を天井から格子状の床に吹き下ろしたダウンフロー方式はよい清浄度が得られるが，設備や維持

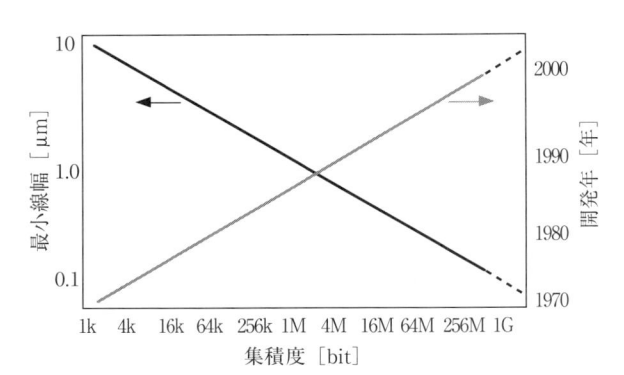

116   7. Si 半導体デバイスの製作技術

図 7.1　DRAM の集積度と最小線幅，開発年の関係

図 7.2　クリーンルームの外観

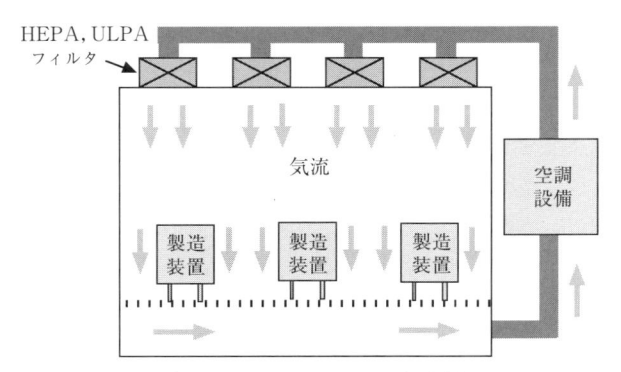

図 7.3　クリーンルームの概念図

にコストがかかる．このため清浄度の要求に応じて段階的に領域を分けてクリーンルームがつくられている．クリーンルーム内の製造装置およびウェーハの製造装置間の搬送は通常はほとんど自動化されている．クリーンルームで作業する場合はクリーン服を着用し，エアシャワーを通って，パーティクルをもちこまないようにしなければならない．

7.1.2 Si ウェーハ

Si は，日本語で「珪素（ケイソ）」と呼ばれ，地殻中元素の存在比率は26.77％で，酸素についで2番目に多い元素である．通常は酸素と結びついて，ケイ石（二酸化シリコン＝SiO_2）の形で自然界に存在しているので，酸素を分離して純粋な Si を取り出す必要がある．原料となる高純度ケイ石は北欧や南米で採鉱されたものがほとんどである．アーク電気炉を用いてケイ石を溶かし，これを炭素やグラファイトで還元(酸素を分離)して，Si をつくる．次に，細かな粒に砕いて塩酸に溶かし，トリクロルシラン（$SiHCl_3$）をつくる．さらにトリクロルシランから多結晶 Si を熱分解法でつくる．集積回路の基板として使われているSiは，99.999 999 999％以上(9が11個も並んだという意味でイレブン・ナインと呼ばれる）の超高純度の単結晶（single crystal）である．

インゴット状の単結晶Siをつくる方法はCZ法（Czochralski法，引上げ法）とFZ法（floating zone 法，浮遊帯法）がある．図 7.4(a)と(b)にCZ法と

（a）CZ法の概念図　　　　（b）FZ法の概念図

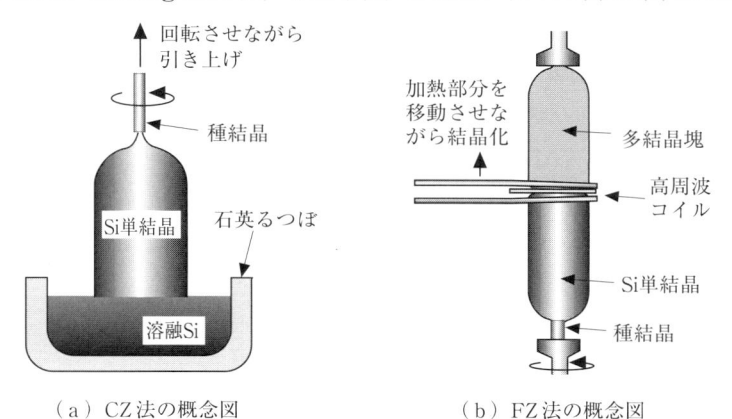

図 7.4 単結晶シリコンインゴットの製造方法

FZ法の概念図をそれぞれ示す．

　CZ法では，まず超高純度の多結晶Siを粗く砕いてナゲット状にする．これを石英製のるつぼに入れ，加熱炉で溶かして融液にする．このとき，るつぼ内には微量の導電形不純物を添加しておく．p形にするにはホウ素（B，ボロン）を，n形にするにはリン（P）やアンチモン（Sb）を添加する．この不純物の添加量によってSi結晶の抵抗率が制御される．続いて石英るつぼを回転させながら，ピアノ線で吊るしたシードと呼ばれるSi単結晶の小片（種結晶）をSi融液に接触させる．シードをるつぼと反対方向にゆっくりと回転させながら徐々に引き上げていくと，種結晶に従って単結晶が成長する．酸化を防ぐために，引上げ炉内部はアルゴン（Ar）ガスで満たされている．

　引き上げが完了すると，単結晶のSiインゴットが得られる．直径8インチのインゴットでは，長さが2m，重さは150kgにもなる．CZ法ではるつぼの石英からSi融液中に酸素が溶け出すため，微量の酸素がSi単結晶中に混入し，集積回路の電気的特性に悪影響を及ぼす．最近では，Si単結晶中の酸素濃度を抑えるMCZ法（Magnetic CZ法）が，ウェーハの大口径化とも関連して採用されつつある．MCZ法とは，融液に磁場をかけて対流を少なくすることで酸素の溶出を防ぐものである．現在は，大口径のウェーハがつくりやすく，低コストなどの理由から，高耐圧デバイスなど一部でFZ-Siが用いられるのを除いて，集積回路の製造にはCZ-Si単結晶が広く用いられている．

　一方，FZ法では，棒状の多結晶SiをArガス中で吊るし，高周波を印加したコイルで加熱して部分的に帯状に溶かす．融液部分に小さな種結晶を接触させてから，帯状の溶解部分を上方に移動させ，全体を徐々に単結晶化させる．FZ法では，るつぼを用いないため酸素含有量を少なくできるが，ウェーハの大口径化が困難であるという欠点もある．

　引上げ後は厚さ0.4mm程度のウェーハ状にスライスする．これには，ダイヤモンド粉を貼り付けた内周刃を用いるブレードソー方式あるいは，ピアノ線と切削砥粒液を組み合わせたワイヤソー方式が用いられる．面取後，細かい粒径の研磨材を含む研磨液を使って，ウェーハを機械研磨（ラッピング）し，さらに側面部を磨いた後，表面を機械化学的に研磨（ポリシング）して鏡面状態にする（図7.5）．微細加工の進んだ最近の先端的ICではウェーハ表面の平坦

図 7.5 Si ウェーハの外観

性の要求から両面研磨が増えている．

　一部のウェーハは，研磨・洗浄後，拡散炉に入れて窒素や水素雰囲気中で熱処理する．これはウェーハ表面近傍に無欠陥層（denuded zone）を形成するためである．ウェーハの面方位を表すため，オリエンテーションフラットと呼ばれる平坦部，またはノッチと呼ばれる切込みが入れられる．ウェーハの品質に関しては，キズや汚れがないことはもちろん，平坦度や反りに関する厳しい規格がある．加えて抵抗率やキャリア寿命のほかに，初期酸素濃度，一定の熱処理に対する酸素の析出状態や表面近傍での微小欠陥の有無，さらに酸化したときの酸化膜（SiO_2）の緻密性（GOI：gate oxide integrity）なども制御されている．

7.1.3　洗浄工程
（a）目　　的

　IC の製造では，パーティクルや微量不純物も，高性能・高信頼性・高歩留りを実現するうえで大敵になる．IC の製造ラインは非常に清浄な環境で，パーティクルや不純物（有機・無機）の持込みや発生がきわめて少なくなるよう工夫されている．それでも，ウェーハの保管・搬送・ハンドリングなどで微量な汚染にさらされることを 100％ 避けることはできない．またそれ以上に，実際には装置そのものや，装置内での工程の結果としてウェーハが汚染されてしまう．そのため，プロセスの間に洗浄工程を入れてウェーハをきれいな状態にする必要がある．

(b) 洗 浄 方 法

洗浄にはさまざまな方法あるが,現在は薬液によるウェット洗浄が主である.ウェット洗浄液にはいくつかの種類があり,それぞれ汚染の種類により除去効果が異なる(表7.1).したがって,単独の薬液ではすべての汚染を除去できず,工程によっては使えない薬液もあるので,工程に合わせこれらを組み合わせて用いる.ウェット洗浄の代表例として図7.6のRCA洗浄がある.このとき,洗浄効果を高めるためにかくはん,加熱,あるいは超音波洗浄が利用される.フッ化水素酸水溶液は,自然酸化膜の除去に用いられる.

表7.1 おもな洗浄液とその特徴

洗浄名	薬 液	特 徴
APM 洗浄	$NH_4OH/H_2O_2/H_2O$ (水酸化アンモニア/過酸化水素水/水)	パーティクル,有機物の除去効果大
FPM 洗浄	$HF/H_2O_2/H_2O$ (フッ酸/過酸化水素水/水)	金属の除去効果大,自然酸化膜除去
HPM 洗浄	$HCl/H_2O_2/H_2O$ (塩酸/過酸化水素水/水)	金属の除去効果大
SPM 洗浄	H_2SO_4/H_2O_2 (硫酸/過酸化水素水)	金属,有機物の除去効果大
DHF 洗浄	HF/H_2O (フッ酸/水)	金属の除去効果大,自然酸化膜除去
BHP 洗浄	$HF/NH_4F/H_2O$ (フッ酸/フッ化アンモン/水)	自然酸化膜の除去効果大

これらに使用する水も,純度の高いものが要求される.通常は超純水(〜18 MΩ·m)が利用される.純水製造装置によりつくられる純水は,比抵抗が100 k〜1 MΩ·mであり,目的に応じて使い分けられる.洗浄工程は,薬品により腐食されず,かつ上記が実験室内に充満しないようにプラスチック性で換気機能をもったドラフタ内で行う.図7.7と図7.8に,ドラフタと純水精製装置の外観をそれぞれ示す.洗浄後は純水で薬液を洗い流し(リンス),乾燥する.乾燥法にもいくつかの方法があり,回転による遠心力で水を飛ばすスピンドライ法,イソプロピルアルコール(IPA)の蒸発を利用した乾燥などが知られている.

7.1 製作工程（前工程） 121

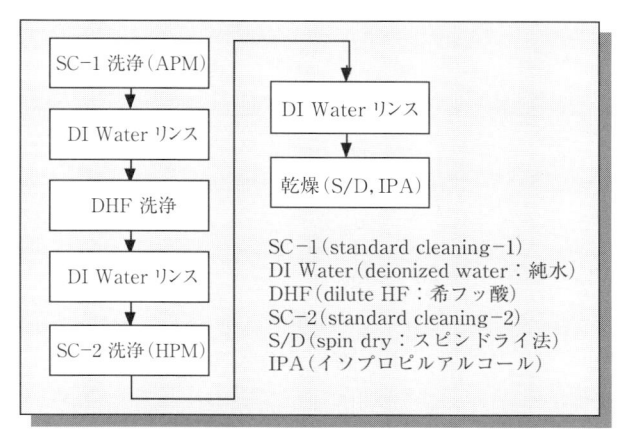

図7.6 RCA洗浄フロー

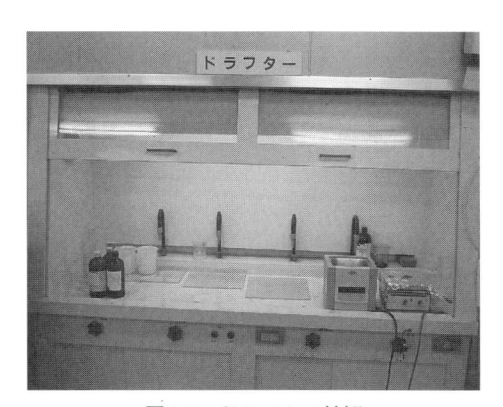

図7.7 ドラフタの外観

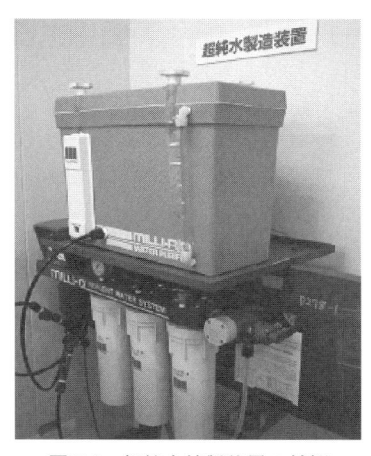

図7.8 超純水精製装置の外観

　そのほか，ドライ洗浄も一部で用いられている．ドライ洗浄には，O_2プラズマガスを用いた有機物の炭化除去，蒸気による気相エッチング，スパッタ洗浄，熱処理洗浄などがある．

7.1.4 酸化工程
(a) 目　　的
酸化工程には，拡散領域形成用と電極領域形成用の2種類がある．Siは酸化することにより二酸化シリコン膜（SiO_2）が表面に形成される．この膜は良質の絶縁物であり，次の特徴をもつ．

① Si表面の電気的に活性な準位を$10^{14}\,m^{-2}$以下に削減でき，Si表面の電気的に不安定な特性を除去できる．

② 素子間分離や素子と金属配線との分離に利用できる．

③ ドナーやアクセプタなどの不純物を特定の場所に選択的に拡散させるときの拡散防止マスクとして利用できる．

④ 誘電体としてコンデンサに利用できる．

⑤ MOS構造としてMOSFETのゲート絶縁膜に利用できる．また，①と同様にSiとSiO_2の界面準位の減少によって優れたMOSトランジスタ特性が得られる．

(b) 酸化膜形成方法
SiO_2の形成方法には，

① Siウェーハを1 000～1 200℃に加熱した炉（酸化炉と呼ぶ）の中に入れた状態で酸素または水素を送り込む熱酸化（thermal oxidization）．

② 化学的な反応により酸化物をつくってSi表面に付着させるCVD（chemical vapor deposition）．

③ Siを電解液中で通電して酸化させる陽極酸化（anode oxidization）．

などが一般的に知られている．

ここでは最も広く利用されている二つの熱酸化方法，ドライ酸化と水蒸気酸化について説明する．ドライ酸化は酸化ガスとして乾燥酸素（O_2）が，水蒸気酸化では水蒸気（H_2O）および水蒸気を含んだ酸素または窒素（N_2）などが用いられる．酸化速度は乾燥酸素が遅く，水蒸気が速い．図7.9に水素燃焼による水蒸気酸化装置の概念図を示す．純度の高い水蒸気を得るためには，水の沸騰よりも水素燃焼式のほうが高効率なのでこの方式が広く用いられている．このシステムで酸素ガスのみを流せば，乾燥酸素による酸化膜が形成される．

次に，乾燥酸素による酸化膜の形成機構を簡単に述べる．酸化炉の中でSi

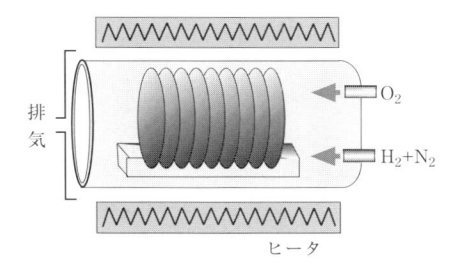

図 7.9 水素燃焼による水蒸気酸化装置の概念図

ウェーハが高温に熱せられると，酸素分子が表面に衝突して酸化反応が起こり，酸化膜が形成される．このとき，ガス状態に再び戻る衝突した酸素分子も発生する．酸化の初期で酸化膜が薄いときは，酸化膜の厚さは衝突した分子数，すなわち酸化時間に比例する．酸化膜が厚くなると，形成した酸化膜が酸素分子と Si との接触を妨げるようになる．この状態では，もし酸化温度とガス量が一定であれば，酸化膜の厚さは酸化時間の平方根に比例する．

水蒸気で酸化する場合は，膜厚の酸化時間依存性は，乾燥酸化の場合と同様であるが，形成速度は大きい．これは酸化膜中の水蒸気の拡散係数が酸素のそれに比べて大きいためである．多くの研究結果から，酸化膜厚（T_x）は次の実験式で得られている．

図 7.10 酸化炉の外観（水蒸気酸化）

$$\text{ドライ酸化} \quad T_x^2 = 21.2t \exp\left(-\frac{E_{a1}}{\kappa T}\right)$$
$$\text{水蒸気酸化} \quad T_x^2 = 7.6t \exp\left(-\frac{E_{a2}}{\kappa T}\right) \tag{7.1}$$

ここで，t は酸化時間，T は酸化温度である．また，E_{a1} と E_{a2} は活性化エネルギーで，ドライ酸化と水蒸気酸化ではそれぞれ約 1.3 と 0.8 eV である．図 7.10 に酸化炉の外観を示す．

7.1.5　フォトリソグラフィ工程
（a）目　　的

プレーナ形の半導体素子，すなわち平面方向に任意の形状をもつ pn 接合を形成するためには，酸化膜や堆積膜を所望の形状に加工する必要がある．これには写真技術と同様な手法を用いたフォトリソグラフィ工程により行う．酸化膜を任意のパターンにしたあとに，7.1.6 項で述べる不純物拡散工程を行い，酸化膜が存在しない部分に n または p 形領域を形成することができる．

（b）フォトマスク作製

設計された集積回路レイアウトをフォトリソグラフィ工程により基板に転写するためにはフォトマスクを作製しなければならない．フォトマスクは，紫外線の透過性のよい石英ガラスに遮光材としてクロム膜をつけたものが用いられる．最初にパターンジェネレータ（PG）を用いて，実際のパターンの10倍程度に拡大されたレチクルを作製する．パターンジェネレータは，計算機により制御された光ビームや電子ビームを用いて，レチクル用のパターンを乾板上に描く装置である．このレチクルをそのまま用いて縮小しながら露光する方法と，実際のパターンと等倍のマスクを用いて露光する方法がある．等倍で露光する場合は，レチクルのパターンをさらに縮小し，リピータによりウェーハ全面をカバーする広さに繰り返し露光・配列してフォトマスクが完成する．集積回路の製作には，普通 4～7 枚のマスクが必要である（図 7.11）．

（c）方　　法

フォトリソグラフィ工程は，フォトレジストと呼ばれる紫外線に対する感光性有機材料を用い，フォトレジストの塗布，露光，現像およびエッチングによ

図 7.11 MOS 形集積回路用フォトマスクの一例（豊橋技術科学大学提供）

って所望の形に加工する一連の工程である．フォトリソグラフィ工程は半導体素子の寸法を決定する重要な工程である．したがって，次の点に注意する必要がある．

（ⅰ）清浄な雰囲気中（クリーンルーム）またはクリーンベンチ内で行う．
（ⅱ）フォトレジストが感光しないように紫外光を除去した黄色の照明の下で作業を行う．

　工程には，① フォトレジスト塗布，② プリベーキング，③ フォトマスク合せ，④ 露光，⑤ 現像，⑥ ポストベーク，⑦ エッチング，⑧ フォトレジスト除去と洗浄がある．図 7.12 にフォトリソグラフィ工程の各手順を示す．以下，酸化膜のエッチングを例にあげて説明する．

① フォトレジスト塗布

　フォトレジスト（photoresist）は感光性の有機材料である．これは，光（主として紫外線）によって反応を起こし，化学溶剤への溶解度が変化する．フォトレジストには，感光すると反応して硬化し不溶性になり，現像すると光のあたった部分が残るネガ形と，現像すると感光しなかった部分が残るポジ形の 2 種類がある．表面の Si 酸化膜上に均一な厚さにフォトレジストを塗布する．これは，スピンナに Si ウェーハを吸着させた状態でフォトレジストを滴下させ，高速に回転させながら均一に塗布するのが一般的である．スピンナの回転速度とレジスト液の粘度で膜厚が決定される．膜厚が薄いとピンホールが生じ，

7. Si 半導体デバイスの製作技術

図	説明
フォトレジスト（ネガ形）／SiO₂	① フォトレジスト塗布 膜厚：300～800 nm ② プリベーキング 85～90℃，窒素雰囲気中でレジスト中の有機溶剤を除き，硬化させる．
紫外線／フォトマスク／露光部分・未露光部分／SiO₂／Si	③ フォトマスク合せ ④ 露光 マスクパターンをレジスト上に焼き付ける．
フォトレジスト（露光部分）／SiO₂／Si	⑤ 現象 有機溶剤で可溶部分（この場合，露光されていない部分）を除く． ⑥ ポストベーク 170～180℃，窒素雰囲気中で硬化させ，次工程のエッチングに耐えるようにする．
フォトレジスト　バッファードフッ酸／SiO₂／Si	⑦ エッチング SiO₂をバッファードフッ酸（HF：NH₄F＝1：6）で除去する．
SiO₂／Si	⑧ フォトレジスト除去と洗浄 フォトレジストをレジストはく離液で除去する．

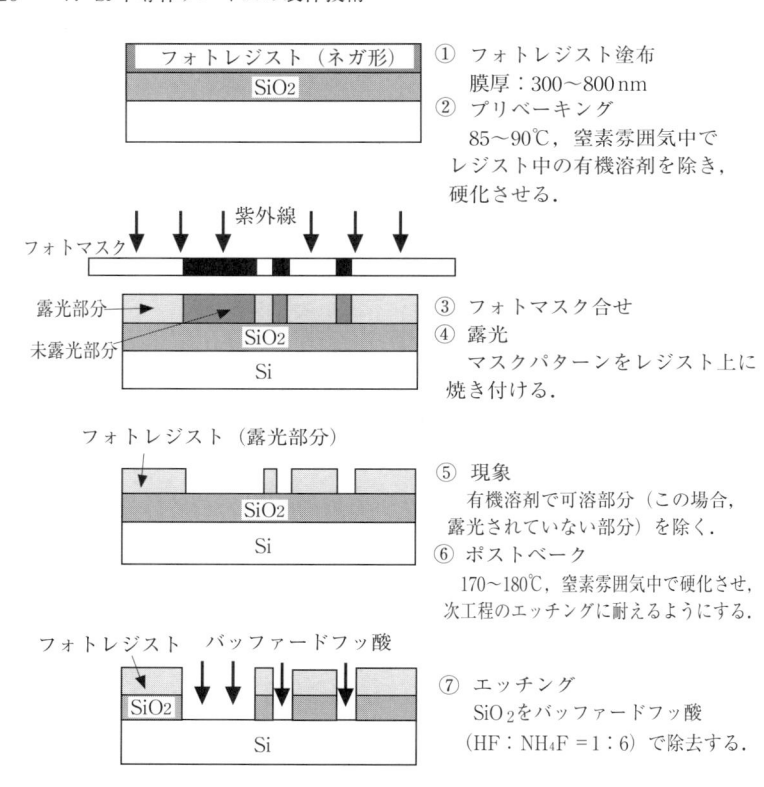

図 7.12 フォトリソグラフィ工程の各手順

厚いと加工精度が悪くなる．通常，厚さは 300～800 nm である．図 7.13 にスピンナの外観を示す．

② **プリベーキング**

塗布後，フォトレジスト膜に残っている有機溶剤を除き，乾燥かつ適当に硬化させるため，約 80℃ に保った恒温槽中で熱処理する．フォトレジスト膜の酸化を防ぐために窒素雰囲気中で行う．図 7.14 に恒温槽の外観を示す．

図 7.13　スピンナの外観　　　　　図 7.14　恒温槽の外観

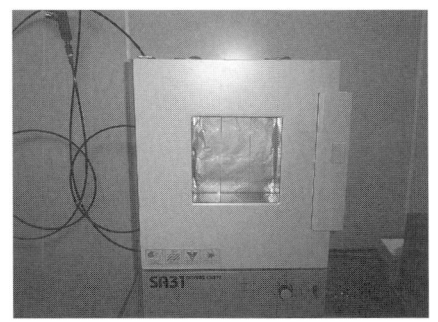

③　露　光

　鮮明なパターンを得るため露光には可視光より波長の短い紫外線を用いる．フォトマスク作製の項で述べたように，このレチクルを縮小しながら露光する方法と，等倍のマスクを用いて露光する方法がある．

　縮小露光を行う場合は，ステッパ装置を用いてレチクルのパターンを基板に光学的に縮小投影してチップ数個ずつの露光を行い，これを基板全面へ繰り返す．光学的な縮小を行うのでレチクルの汚れに影響されにくく，より鮮明な露光を行うことができる反面，ステッパの機械的精度が要求されること，レチクルの管理が厳しいこと，露光時間がかかるなどの欠点もある．工業的には露光量と露光時間は重要なパラメータであり，加工精度をも左右する．

　等倍露光は，フォトマスクを基板に重ねて行う．フォトマスクの保護のため基板とマスクは密着させず，わずかに離すのが一般的である．量産には有利であるが，微細パターンの作製には不利である．その理由としては，マスクの汚れの影響が大きい，大口径のフォトマスクの高精度な加工が要求される，微細なパターンでは基板上で干渉縞が生じてしまう，基板とマスクの双方の平坦性が要求される，などがあげられる．図 7.15 に大学や高専などの実験室によく用いられる等倍露光装置（マスクアライナ）の外観を示す．

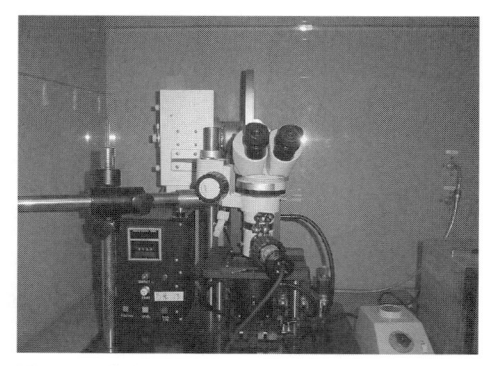

図 7.15　等倍露光装置（マスクアライナ）の外観

④　現　像
有機溶剤で洗浄して可溶部分を除去する．ポジ形フォトレジストでは，露光されなかった領域，すなわちフォトマスクと同じパターンのフォトレジストが SiO_2 上に残る．ネガ形レジストはその逆に露光された領域が現像後に残る．

⑤　ポストベーク
現像により柔らかくなったフォトレジスト膜を乾燥，硬化させ，かつ Si 基板との密着性をよくして次のエッチングに耐えられるようにするために，約 150℃ に保った恒温槽中で熱処理する．プリベーキングと同様に窒素雰囲気中で行う．

⑥　エッチング
残ったフォトレジスト膜を保護マスクとしてエッチングすると露光パターンに応じた SiO_2 が残る．エッチングには薬液を使うウェットエッチングと，ドライエッチングの 2 通りの方法がある．

ウェットエッチングの場合には，フォトレジスト膜で覆われていない部分が選択的に化学薬品で溶解除去される．酸化膜のエッチングにはフッ化水素（HF）系の水溶液を用いる．その他の膜のエッチングには，たとえばアルミニウム膜や窒化膜のエッチングには，リン酸系の水溶液を用いる．危険な薬品を用いるので，この工程はドラフト内で行う．

最近の超 LSI の製作工程ではドライエッチングも多用されている．最も一般的なドライエッチングは，平行平板形反応性イオンエッチングで，真空にした

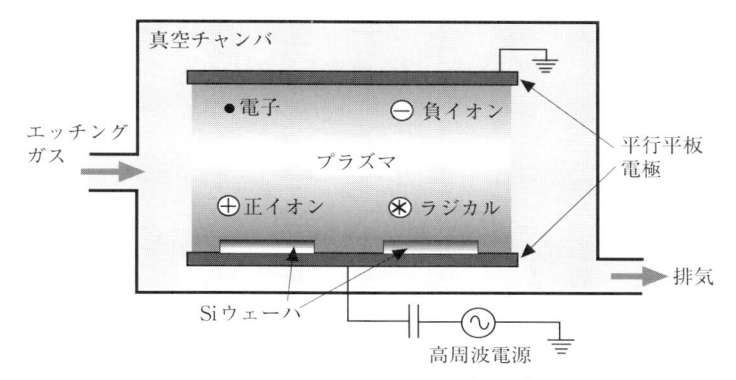

図 7.16 ドライエッチング装置の概念図

チャンバ（化学反応室）にウェーハを入れ，必要なエッチングガスを導入する．

図7.16に，ドライエッチング装置の概念図を示す．上部電極と平行に置かれたウェーハホルダに高周波電圧を加えると，ガスはプラズマ化される．プラズマ中では正・負のイオンや電子などの荷電粒子，中性活性種がばらばらな状態で混在しているので，エッチング種が膜に吸着されると，ウェーハ表面で化学反応が起こり，生成物は表面から離脱して外部へ排気され，エッチングが進行する．

ドライエッチングでは，ウェットエッチングが等方的であるのに対して，方向性エッチングが可能である．さらにレジストパターンどおりの高精度微細加工を行うために，被エッチング材とレジスト材や下層材とのエッチング速度の比（選択比）を大きくとることが重要である．また，結晶欠陥の発生，不純物汚染，ウェーハ表面の帯電などのエッチングダメージや酸化膜の電気的破壊に注意する必要がある．

⑦ フォトレジスト除去と洗浄

フォトレジスト膜を除去用の溶剤で除去するか，プラズマ雰囲気中のドライ洗浄で除去する．除去後はSiウェーハを十分洗浄する．

7.1.6 不純物拡散工程

(a) 目　　的

真性半導体に適当な不純物を拡散してp形やn形半導体をつくる工程が，

不純物拡散工程である．これは，半導体素子の製作工程の中で最も重要な工程である．SiO₂膜パターンを通して行う選択拡散により，プレーナ形半導体素子の製作が可能になった．

(b) 方　　法

半導体素子の基本構造は，ドナーやアクセプタとなる元素を Si 基板に添加して形成された p 形や n 形領域を組み合わせた pn 接合である．不純物を添加するドーピングの方法には，

① 拡散（thermal diffusion）
② イオン注入（ion implantation）
③ エピタキシャル成長（epitaxial growth）

などがある．図 7.17 に，三つのドーピング法における不純物分布を示す．熱拡散法では，不純物元素の密度分布は，Si 基板表面が高く，深くなるとともに低くなる．イオン注入では，不純物密度分布はある深さで最大値をもつ．エピタキシャル成長は，深さに関係なく一定になる．これらは，不純物密度分布，精度，熱処理条件などの条件に応じて使い分けられている．

（a）熱拡散　　（b）イオン注入　　（c）エピタキシャル成長

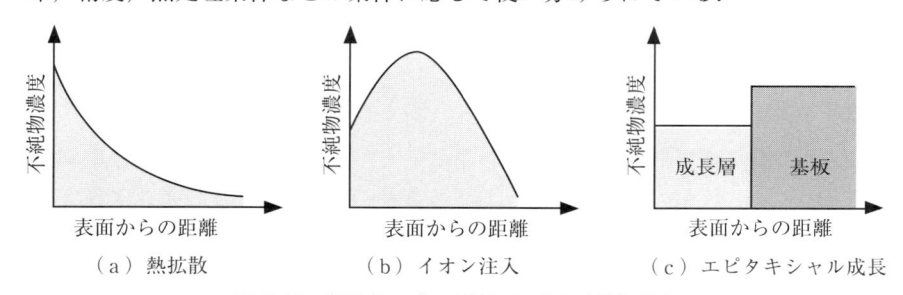

図 7.17　各種ドーピング法における不純物分布

まず，一般に利用される熱拡散法について簡単に述べる．熱拡散により拡散する不純物としては，ドナー不純物には，リン（P），アンチモン（Sb），ヒ素（As）がある．この中で P が最も広く用いられている．Sb は埋込層，As は浅い拡散を必要とする場合に使われる．したがって，ULSI の作製には As が用いられている．アクセプタ不純物には，ホウ素（B），ガリウム（Ga），アルミニウム（Al）などがあるが，主として B が用いられている．拡散不純物源は状態により，固体，液体，気体の 3 種類に分けられる．

表 7.2 代表的な不純物源

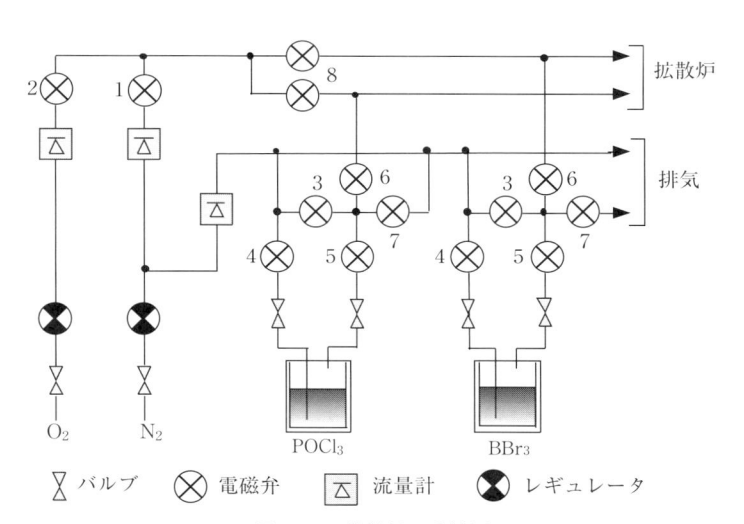

項目 状態	n 形			p 形
	P	As	Sb	B
気体	PH_3	AsH_3	—	B_2H_6
液体	$POCl_3$, PCl_3	—	—	BBr_3, BCl_3
固体	P_2O_5	AsO_3	Sb_2O_3	BN, B_2O_3

図 7.18 拡散炉の系統図

代表的な不純物源を表 7.2 に示す．また，拡散源に液体状の BBr_3 と P_2O_5 を用いた拡散炉の系統図を図 7.18 示す．初期には固体不純物源がよく用いられたが，現在は純度が高く制御の容易な液体や気体不純物源が利用されている．

プレーナ形半導体素子では，部分的に異なった不純物を拡散する必要がある．これは選択拡散と呼ばれ，ほかの領域との電気的絶縁にも利用される．選択拡散はフォトリソグラフィ工程で形成された SiO_2 膜マスクを用いて行われる．この様子を示したのが図 7.19 である．図のように，Si の露出した部分に対して拡散が行われる．当然，Si 酸化膜にも不純物元素が入るが，これらの拡散速度が遅いので，Si 中への拡散を防ぐことができる．しかし，Ga，Al は SiO_2 膜中の拡散速度が速いので，Si 酸化膜による選択拡散が難しい．

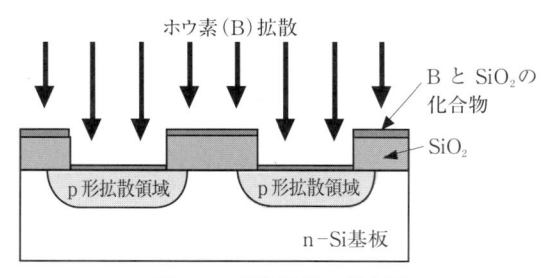

図 7.19 選択拡散の概念図

一方，最近の IC ではイオン注入も広く用いられている．図 7.20 にイオン注入装置の概念図を示す．熱拡散法が等方性であるのに対してイオン注入法には異方性があり，基板に垂直にイオンを打ち込むことによって微細パターンが形成できる．さらに，レジストをマスクにできる，不純物の密度・プロファイルをより正確にコントロールできるなどの利点もある．イオン注入を行う際の基板の面方位やイオンのエネルギーに応じて不純物分布はある深さで最大値をもち，イオンエネルギーが高いほど表面より深い位置に分布をもつ．

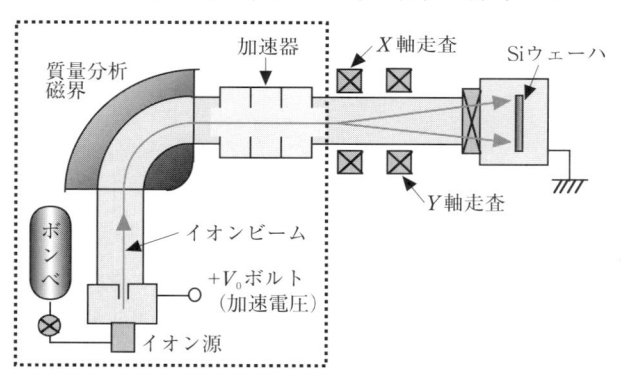

図 7.20 イオン注入装置の概念図

エネルギーによって低・中速，高速タイプに分けられる．低・中速タイプではおもに浅い拡散層を形成するために数〜数十 keV でイオン注入を行う．高速タイプは，数百 keV〜MeV の加速エネルギーで CMOS のウェル形成や ROM のコード書込みなどに用いられる．イオン注入では注入種，すなわちB，As，P などを含むガスを放電によりイオン化する．これを電界加速したあ

と，磁界を用いた質量分析器で，注入種と荷電種（何価のイオンか）を選択する．これで選ばれたイオンをビーム照射するので，ウェーハ全面に打ち込むにはビーム走査とウェーハの移動を同期させて行うことが必要である．

7.1.7 成膜工程
（a）目的
前項までの工程でpn接合領域が形成されたが，これらを半導体デバイスとして使用する場合，電極および配線を形成する必要がある．この場合も基板全面に電極材料を膜として形成（成膜）し，フォトリソグラフィにより必要部分を残す．代表的な成膜方法としては，

① 蒸着
② スパッタリング
③ CVD
④ 塗布（スピンコート）

などがある．蒸着は，真空中で原材料を加熱・蒸発させ，基板上で原料を凝集させることにより成膜を行うものである．スパッタリングは，アルゴン（Ar）などの不活性ガスのイオンで原材料を表面からたたき出し，反対側に置いた基板に堆積させるものである．CVDは原材料を含んだガスを熱分解などの化学的な反応を用いて加熱した基板上に成膜させるものである．最後の塗布は，原材料を含んだ溶剤を基板表面に塗布し，熱処理などによって表面で固化させるものである．表7.3に集積回路の作製においてよく用いられる代表的な薄膜の種類と用途について示す．電極形成には一般に，アルミニウム（Al）や金（Au）が用いられる．薄膜形成の方法には蒸着法またはスパッタリングが使用される．以下に簡単な蒸着方法について具体的に説明する．

（b）真空蒸着法
蒸着法により物理的に金属薄膜を形成する過程は次のようになる．

① 金属に熱エネルギーか運動量を加えて原子，分子または，少数個の集合体（クラスター）に分解する（すなわち蒸発させる）．
② 別の場所で結合あるいは凝縮させる．

この過程で大気が存在した場合には，

7. Si半導体デバイスの製作技術

表7.3 集積回路において用いられる代表的な薄膜の種類と用途

用　途	膜の種類	作製方法
ゲート絶縁膜 拡散マスク 素子分離 など	SiO_2	熱酸化（ドライ，ウェット）
ゲート電極	Poly–Si, WSi_x	減圧 CVD
容量電極	Poly–Si	減圧 CVD
容量絶縁膜	Si_3N_4	減圧 CVD
配　線	W	減圧 CVD
	Al, Ti, TiN, WSi_x	スパッタリング
層間絶縁膜	SiO_2, BPSG	常圧 CVD, 減圧 CVD, プラズマ CVD
パシベーション	SiN, SiON	プラズマ CVD

CVD : chemical vapor deposition ＝ 化学気相成長法

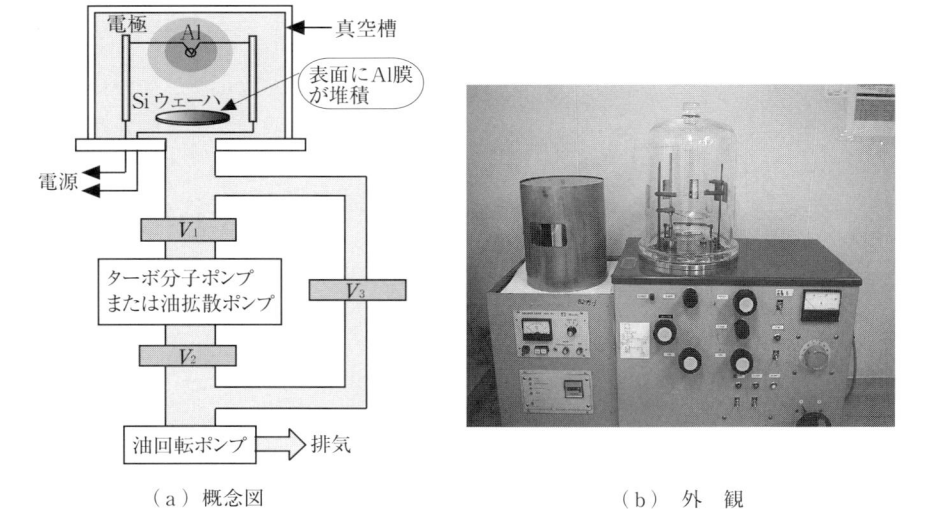

(a) 概念図　　　　　　　　　　　　　(b) 外　観

図 7.21　真空蒸着装置の概念図および外観

① 蒸発金属の直進が妨げられ一様かつ平坦な薄膜の形成ができない．
② 金属粒子や金属薄膜が空気中の化学的活性なガスと化合物を形成する．

したがって，密閉した容器内の空気を排気し，真空中で蒸着を行わなければならない．ここで，真空をつくるための装置を真空ポンプ，蒸着する物質（この場合 Al）および，蒸着される Si ウェーハの入った真空に排気される容器をベルジャーと呼び，真空ポンプとベルジャーをまとめて真空装置という．

図 7.21 (a)，(b) に真空蒸着装置の概念図と外観をそれぞれ示す．この装置の排気系は油回転ポンプとターボ分子ポンプである．まず，前処理が終了した Si ウェーハをベルジャー内に装着する．この状態で，真空度が $10^{-5} \sim 10^{-7}$ Pa 程度になるまで排気する．次に，ヒータに電流を流して金属を加熱し蒸発させる．最初に金属表面に付着している不純物が飛び出すのでシャッタを閉じておき，純粋な金属の蒸発が始まったら，シャッタを開けて基板に金属薄膜を蒸着させる．Al を電極として蒸着する場合，膜厚は約 1 μm 程度である．

7.1.8 前工程における最近の技術動向

IC の高集積化や高性能化により素子のスケールダウンと高度な加工精度が必要不可欠となる．また，配線抵抗や寄生容量の増大と併せて，ゲート酸化膜や DRAM 容量膜の薄膜化も物性的限界に近づいている．これらの壁を打破するために以下のような新技術や新材料に関する研究が各方面で行われている．

(a) 露光技術

微細加工の精度は露光する光の波長に依存する．通常の集積回路には g 線 (436 nm) または i 線 (365 nm) と呼ばれる高圧水銀ランプによる紫外線を用いるが，線幅が 0.1 μm 程度の ULSI 製作においては，さらに短波長の短い KrF (248 nm) や ArF (193 nm) エキシマレーザが用いられている．微細化が進み，フォトリソグラフィが限界となれば電子線や X 線などを用いることも必要になる．この場合は光学レンズによる縮小ができないので，マスクを用いずに直接フォトレジストに描画したり，微細な等倍マスクを用いる技術などが研究されている．

(b) 多層配線の層間膜材料

配線を伝わる電気信号の遅延が配線抵抗 (R) と配線容量 (C) の積で決ま

るため，これを *RC* 遅延と呼ぶ．配線の寄生容量は素子の微細化により増大する傾向にある．現在，層間膜として Si 酸化膜が広く用いられているが，配線容量を抑えるために低誘電率（low-*k*）のフッ素添加酸化シリコン膜（SiOF）も一部で採用されている．さらに誘電率の低い HSQ（hydrogen silsesquioxane）膜，アモルファスカーボン膜（a-C：F），有機膜などが次の有力候補として検討されている．

（c） 配 線 材 料

現在，広く用いられているのはアルミニウム（Al）であるが，配線の *RC* 遅延を減らすため，より低抵抗で高信頼性を有する材料として銅（Cu）が配線材料として一部の製品に採用されている．

（d） ゲート絶縁膜

従来，MOS トランジスタのゲート絶縁膜として Si 酸化膜が用いられてきたが，素子の微細化による薄膜化が限界に達しつつある．極薄の Si 酸化膜ではトンネル効果によって電流が流れ，絶縁膜として機能しなくなるためである．また高いエネルギーをもった電子（ホットエレクトロン）により損傷が起こることから耐性の高い酸窒化膜が用いられるようになっている．また，高誘電率（high-*k*）の二酸化ハフニウム（HfO_2）などがゲート絶縁材料として検討されている．

（e） DRAM 用メモリ容量絶縁膜

最もポピュラーなのはシリコン窒素膜（Si_3N_4）である．最近では，微細な高性能容量実現のため，さらに高誘電率であるタンタルオキサイド（Ta_2O_5）膜が一部に採用され，BST（(Ba, Sr) TiO_3）や PZT（Pb (Zr, Ti) O_3）などの強誘電体の利用も研究されている．

（f） 表面平坦化技術

製作工程を経るたびに表面の凹凸が増えて表面段差が大きくなるとその上の堆積膜の均一性（ステップカバレッジ）が問題となり，配線の断線などが起こってくるため，表面を平坦化する必要がある．平坦化の方法として最近注目されているのが CMP（chemical mechanical polishing：化学的機械研磨）である．CMP とはシリカ粒子を含んだ研磨液（スラリー）をウェーハ表面に流しながら，スピンドルに貼り付けた（チャッキング）ウェーハの表面を，回転テ

ーブル（ポリシング・プレート）表面の研磨パッドに接触させて研磨するものである．次に述べる多層配線技術においてCMPは欠かせない技術である．そのほか，STI（shallow trench isolation：浅いトレンチ分離）と呼ばれる素子分離技術にもCMPが利用されている．

（g） 多層配線技術

材料の開発と同時に，デバイスの構造も改良が重ねられている．その解決策が多層配線である．多層配線とは高集積化された配線系を何層にも積み重ねて全体の配線系を実現するものである．特にロジック系ICでは，集積度と性能を向上させるために多層配線の層数が増加する傾向にある．現在，5〜8層が実用化されているが，さらに多層の配線も必要になっている．多層配線技術のポイントは，コンタクトホールやビアホールの埋込み技術と，配線層間膜の平坦化である．

コンタクトホールとはメタル配線と下地のシリコン拡散層，多結晶シリコン層，シリサイド層などを接続するために絶縁膜に開けられた開口のことである．一方，ビアホールとは，メタル配線どうしを接続するため，層間絶縁膜に穿たれた垂直の開口をさす．これらの開口を埋め込み平坦化する技術として，タングステン（W）の選択成長による埋込みとCMPを用いた平坦化が，まずロジック系デバイスで開発・実用化された．銅（Cu）配線では，ダマシンプロセスと呼ばれる新しい配線形成法が開発されている．象眼加工（damascene）のように下地のSiO_2に溝を掘り，めっきなどにより Cu を堆積した後に CMP で不要部分を削り取ることで，配線そのものを層間絶縁膜に埋め込んだ構造ができる．前述のように RC 遅延を小さくするために，銅配線と低誘電率層間絶縁膜（ポーラス構造，有機材料）を組み合わせるプロセス技術の開発が活発に行われている．

7.2 組立工程（後工程）

7.2.1 ダイシング工程

（a） 目　　的

プレーナ形半導体デバイスは，1枚のウェーハに多数のデバイスが同時につ

くられる．前工程が終了したあとにそれぞれのデバイスをチップに切り分けるのがダイシング工程である．ICチップはダイ（die）とも呼ばれるので，ダイにするという意味でこの工程がダイシングと呼ばれている．また，切り分けるという意味で，スクライブ工程とも呼ばれている．

（b）方　　法

大口径のウェーハは機械的強度を維持するためにチップの完成時より厚くなっている．まずウェーハの裏面を削って薄くし，その後ダイヤモンドソーと呼ばれるダイヤモンド微粒を焼成した円形歯を用いてチップに切り分ける．実験室レベルでは，Siのへき開を利用するのが簡便である．ダイヤモンドポイントによりまずSi表面に結晶軸にそってキズをつけて力を加えると，キズに応力が集中して容易にへき開する．

7.2.2　マウント工程

（a）目　　的

チップに切り分けられたデバイスは，外部電極と接続するために，使用目的に応じて適当なケースに接着させる必要がある．Siのチップは金属のリードフレームや金属のパッケージに接着される．これをマウントと呼んでいる．

（b）方　　法

マウント工程では，アイランド上のチップ位置を正確に決めてチップを物理的にしっかり固定しなければならないので，接着力が強く機械的強度が大であること，アイランドとチップ間の熱伝導がよいこと，単体素子など裏面電極をとる場合にはオーム接触とし電気抵抗が小さいことが重要である．チップマウントを大別すると，Au–Si（金-シリコン）やAu–Sn（金-スズ）の共晶を利用する場合，Pb–Snはんだを用いる場合，銀ペーストを用いる場合などがある．

Au–Snの共晶を用いる場合は，アイランドを約420℃に保つ必要がある．銀ペーストを用いるのが比較的簡単である．塗布後約150℃で30分ほど加熱して溶剤を蒸発させる必要がある．両者とも酸化防止のために加熱は窒素雰囲気中で行う．図7.22に各種マウント法を示す．

7.2 組立工程（後工程）　139

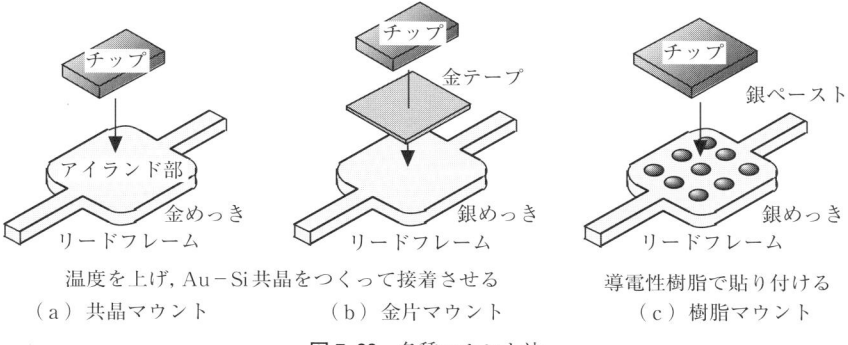

温度を上げ，Au−Si共晶をつくって接着させる　　　　　　　　　　　導電性樹脂で貼り付ける
　　　（a）共晶マウント　　　　　　　　　（b）金片マウント　　　　　　（c）樹脂マウント

図7.22　各種マウント法

7.2.3　ボンディング工程

(a) 目　　的

チップと外部端子との電気的接続のために配線を行う必要がある．一般に細い金線（Au）を用いた配線はワイヤボンディングと呼ばれている．ワイヤボンディングのほかに，金やアルミニウムの細線を用いずに直接IC上のボンディングパッドとリード電極を接着・接続するワイヤレスボンディングと呼ばれる方法もある．

(b) 方　　法

ここではワイヤボンディングについて解説する．Al電極に対してはAu線の熱圧着法が接着強度，接触抵抗，ボンディング作業性の点で優れており，最も広く使われている方法である．LSIの配線には直径約 30 μm の金線が一般に用いられている．ほかにAl線を用いる方法も比較的太い線のボンディングに採用される．図7.23にボンディング工程の概念図を示す．トーチにより加熱形成された金ボールをボンディングパッドに熱圧着し，その後，外部端子に金線を圧着する．チップ，端子とも金線が接着しやすいように加熱しておく．

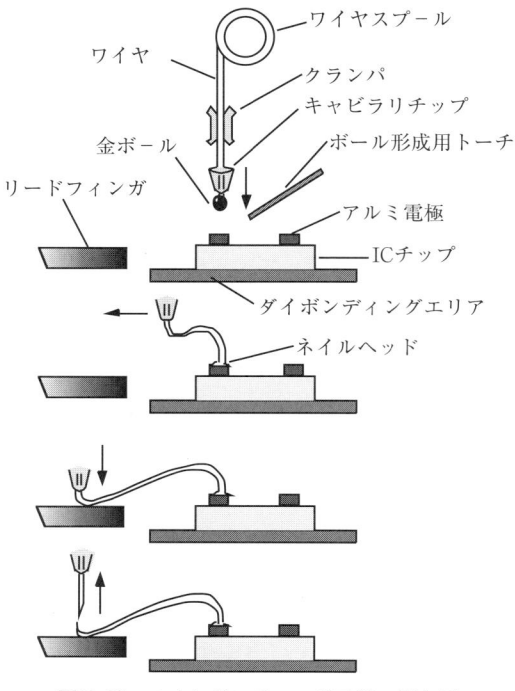

図 7.23　ワイヤボンディング工程の概念図

7.2.4　封入工程
(a)　目　　的
チップを外部雰囲気から絶縁し，特性の変化を抑えると同時に機械的にも保護する目的で行う．
(b)　方　　法
封入方法は大別して気密封止法と非気密封止法の2通りがある．気密封止法（hermetic seal：ハーメチック・シール）とは，外界から完全に密閉されており，微量のガスや水分などの侵入を防げる封止法という意味である．気密封止法は，高価だが信頼性の高い金属封止（金-スズ・シール）や，安価だが封止温度が最高 480℃ と高いセラミック封止（低融点ガラス・シール：サーディップ法），はんだを用いたはんだ封止（はんだ・シール）などに分類される．

7.2 組立工程（後工程）

非気密封止法（non-hermetic seal）は安価で量産性に優れているため，最も一般的に使われている．金型を使って樹脂封入を行うトランスファーモールド法は，材料費や能率の点から量産に適し，コストもほかの方法に比べて格段に安いため広く用いられている．しかし，樹脂封入は水分に対する阻止能力が金属やセラミック封入に比べて劣るという欠点がある．樹脂を成型した後，余分な樹脂やバリを取り除き，表面に社名・製品名，シリアル番号などを印刷またはレーザ捺印した後，リードフレームから1個1個のICを分離し，リードを成型して完成となる．

図7.24に代表的なICパッケージの形状を示す．大別すると挿入実装形と表面実装形に分けられる．挿入実装形は表面実装密度の面では有利であるが，高さの面で不利となり，表面実装形はその逆の利点，欠点をもつ．たとえば，小型化が要求される携帯電話などに使用されているICパッケージは表面実装タイプが多い．

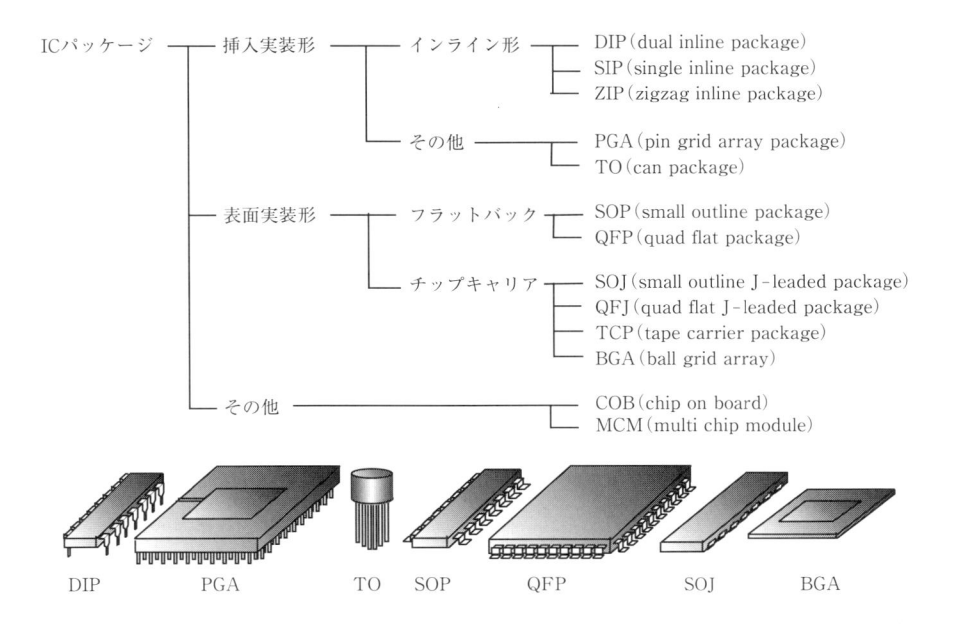

```
ICパッケージ ─┬─ 挿入実装形 ─┬─ インライン形 ─┬─ DIP (dual inline package)
              │              │                ├─ SIP (single inline package)
              │              │                └─ ZIP (zigzag inline package)
              │              └─ その他 ───────┬─ PGA (pin grid array package)
              │                                └─ TO (can package)
              ├─ 表面実装形 ─┬─ フラットパック ─┬─ SOP (small outline package)
              │              │                  └─ QFP (quad flat package)
              │              └─ チップキャリア ─┬─ SOJ (small outline J-leaded package)
              │                                 ├─ QFJ (quad flat J-leaded package)
              │                                 ├─ TCP (tape carrier package)
              │                                 └─ BGA (ball grid array)
              └─ その他 ─────────────────────┬─ COB (chip on board)
                                              └─ MCM (multi chip module)
```

DIP　　PGA　　TO　　SOP　　QFP　　SOJ　　BGA

図7.24　代表的なICパッケージの形状

7.2.5 検査工程

検査工程は，作製されたICの良否を調べるもので，前工程と後工程のあとでそれぞれ行われる．前工程の終わったウェーハ上のICチップの良・不良を判定する工程が，G/W工程（good chip/wafer）である．G/Wではウェーハをプローバの測定用ステージにセットし，IC上の外部電極引出し用パッドに，プローブと呼ばれる探針を1本1本接触させる．このため，ICの全電極パッドに合わせてプローブを配置したプローブカードを使用する（図7.25）．プローブカードをウェーハに接触させる際には，プローブと電極パッドの位置関係や均一・適正な針圧を制御する．

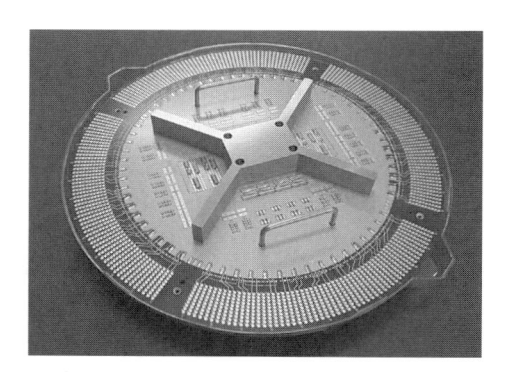

図 7.25 DRAM用プローブカードの外観

1チップの測定が終わるとステージを移動させ，次のチップにプローブカードを当てて測定，という操作を繰り返し，全チップを測定する．プローブカードの全プローブからは，電源線・接地線・各種信号線が引き出され，テスタ（コンピュータを内蔵したICの測定器）とつながっている．テスタからICに入力された信号波形に対し，ICが出力した信号波形をテスタが読み取り，あらかじめプログラムされている正しい信号波形と比較して，ICチップの良・不良を判断する．後工程を終えたICも，選別工程において出荷される前の入念な検査が行われる．ICが規格どおりの機能，特性であるかの試験や，初期故障を除くため，バーンインと呼ばれる短時間のストレスを印加したスクリーニングを行う．

ICの歩留りは，製造工程ごとに論じることができる．たとえば，ある製造

ラインに a 枚のウェーハを投入し，拡散工程を経て b 枚のウェーハが完成したとすれば，拡散歩留りは $(b/a) \times 100\%$ となる．また，1個ずつ切り分けた c 個の良品チップをパッケージに組み立て，各種の検査（機能・性能）や信頼性試験を経て，d 個の最終製品が得られた場合，後工程歩留りは $(d/c) \times 100\%$ となる．高い歩留りを確保するには，いかに微細な素子寸法を使って小さなチップをつくり，1枚のウェーハに乗るチップ数を増やすかということと，欠陥のない微細なデバイスをいかにクリーンな環境でつくるかという2点がポイントになる．

7.3 Si半導体デバイスの製作方法

プレーナ形Si半導体デバイスは，前節で述べた製作工程を組み合わせることにより作製することができる．デバイスの種類により，パターンの形状や工程の組合せや条件が異なるだけである．異なるエレメントも，できるだけ同一のプロセスで製作できるように工夫することでマスクの数を少なくし，プロセスを効率化できる．マスクの枚数だけのフォトリソグラフィ工程を順次繰り返し，集積回路が完成する．後工程では，デバイスに応じたパッケージングを選択すればよい．ここでは，各種Siデバイスの前工程の概念を述べる（基礎的な製作工程の説明にとどめ，一部は簡略化してある）．

7.3.1 Siダイオードの製作工程

図7.26にp$^+$n–Siダイオードの各製作工程における素子の断面図を示す．ダイオードの製作工程は次のとおりである．

① Si表面に，熱酸化法によりSiO$_2$膜を形成する（図(a)）．
② n形Si基板の一部をp形にする不純物（普通はホウ素（B）を使用）を拡散するために，酸化膜の一部を除去する必要がある．このためにSiO$_2$膜表面にフォトレジストを塗布する（図(b)）．
③ フォトマスクを通して紫外線を照射し，フォトレジストを感光させる（図(c)）．
④ 現像液により，フォトレジストをエッチングする．この場合，フォトレ

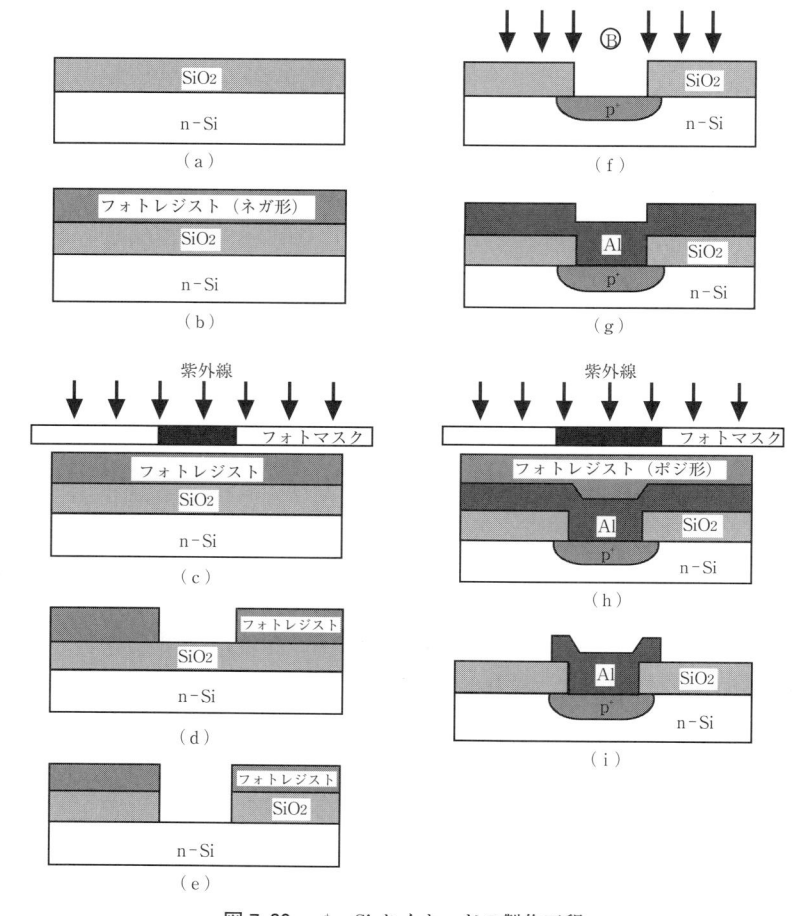

図 7.26 p⁺n-Si ダイオードの製作工程

ジストはネガタイプである（図(d)）．

⑤ フッ化水素酸水溶液により，SiO₂ 膜を除去する（図(e)）．

⑥ B を熱拡散する．SiO₂ 膜がない部分に B が拡散され，その部分が p 形半導体に変わる．この状態で p⁺n 接合が形成される（図(f)）．

⑦ p 形半導体の領域の一部分に電極を形成するために，Si ウェーハ全面に電極用金属（普通，アルミニウム Al）を蒸着する（図(g)）．

⑧ Al 膜上にフォトレジストを塗布したあとに，電極領域に合わせたフォト

マスクを通して紫外線を照射する（図(h)）．
⑨ 現像液とリン酸系水溶液により，フォトレジストとアルミニウム膜をそれぞれ除去する（図(i)）．

n^+p ダイオードも同じ工程で作製することができる．この場合，n 形領域を形成するためには，普通，リンを拡散する．

7.3.2 バイポーラ Si トランジスタの製作工程

図 7.27 に npn Si トランジスタの各製作工程における素子の断面図を示す．トランジスタの製作工程は次のとおりである．

① ベース領域を形成するために，Si 表面に熱酸化法により SiO_2 膜を形成する（図(a)）．
② SiO_2 膜表面にフォトレジストを塗布する（図(b)）．
③ ベース領域に合わせたフォトマスクを通して紫外線を照射し，フォトレジストを感光させる（図(c)）．
④ 現象液により，フォトレジストをエッチングする（図(d)）．
⑤ フッ化水素酸水溶液により SiO_2 膜を除去する（図(e)）．
⑥ ベース領域を p 形にするために，ホウ素（B）を熱拡散する．SiO_2 膜がない部分に B が拡散され，その部分が p 形半導体に変わる．これで pn ダイオードが形成される（図(f)）．
⑦ エミッタ領域を形成するために，Si 表面に熱酸化法により SiO_2 膜を再び形成する（図(g)）．
⑧ SiO_2 膜表面にフォトレジストを塗布する（図(h)）．
⑨ エミッタ領域に合わせたフォトマスクを通して紫外線を照射し，フォトレジストを感光させる（図(i)）．
⑩ 現像液によりフォトレジストをエッチングする（図(j)）．
⑪ フッ化水素酸水溶液により SiO_2 膜を除去する（図(k)）．
⑫ エミッタ領域を n 形にするために，普通，リン（P）を熱拡散する SiO_2 膜がない部分に P が拡散され，その部分が n 形半導体に変わる．これで，npn トランジスタ部分が形成される（図(l)）．
⑬ ベースおよびエミッタ領域の一部分に電極を形成するために，Si ウェー

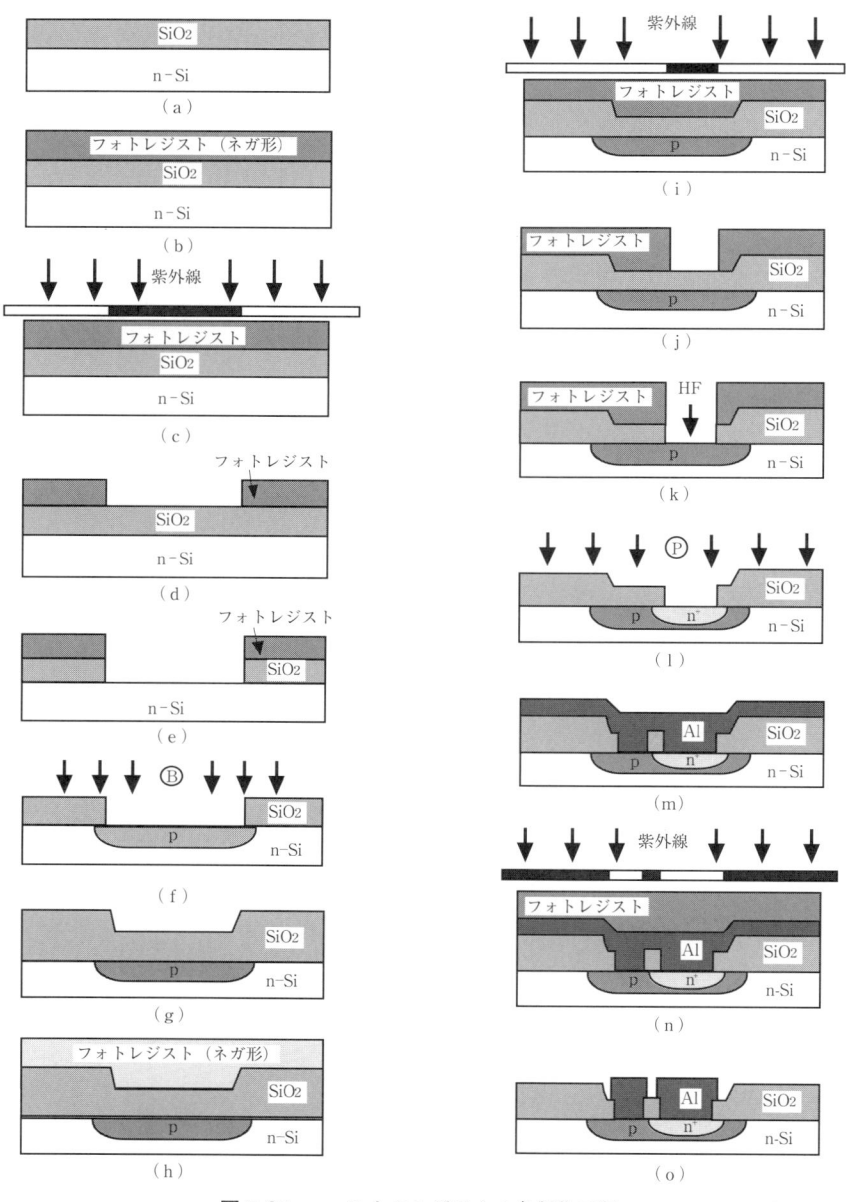

146   7. Si 半導体デバイスの製作技術

図 7.27 npn Si トランジスタの各製作工程

ハ全面にアルミニウム（Al）を蒸着する．この場合，コレクタ領域の電極は基板裏面から接続される（図(m)）．

⑭ Al膜上にフォトレジストを塗布した後に，電極領域に合わせたフォトマスクを通して紫外線を照射する（図(n)）．

⑮ 現像液とリン酸系水溶液により，フォトレジストとAl膜をそれぞれ除去する（図(o)）．

pnpトランジスタも同じ工程で作製することができる．この場合，ベース，エミッタ領域を形成するために，PとBを拡散する．

7.3.3 Si MOS電界効果トランジスタの製作工程

図7.28にnチャネルでAlをゲート電極としたMOS電界効果トランジスタの各製作工程における素子の断面図を示す．MOS電界効果トランジスタの製作工程は次のとおりである．

① Si表面に，熱酸化法によりSiO_2膜を形成する（図(a)）．

② p形Si基板の一部にn形半導体であるソースとドレイン領域を形成するため，SiO_2膜の一部を除去する必要がある．このために，SiO_2膜表面にフォトレジストを塗布し，フォトマスクを通して感光させる（図(b)）．

③ 現像液によりフォトレジストをエッチングする（図(c)）．

④ フッ化水素酸水溶液によりSiO_2膜を除去する（図(d)）．

⑤ リン（P）を熱拡散する．SiO_2膜がない部分にPが拡散され，その部分がn形半導体に変わる．これでpn接合が2個所に形成される（図(e)）．

⑥ 表面保護のためにSiO_2膜を再び形成する（図(f)）．

⑦ ゲート酸化膜は薄くなければならないので，ゲート領域のSiO_2膜をフォトリソグラフィによりいったん除去する（図(g)）．

⑧ 熱酸化により薄いゲート酸化膜を形成する（図(h)）．

⑨ ソース，ドレイン電極を形成するためSiO_2膜を一部除去する（図(i)）．

⑩ 電極を形成するために，アルミニウム（Al）を蒸着する（図(j)）．

⑪ Al膜上にフォトレジストを塗布した後に，電極形状に合わせたフォトマスクを通して紫外線を照射する（図(j)）．

⑫ 現像後，リン酸系水溶液により不要なAl膜を除去し，フォトレジスト

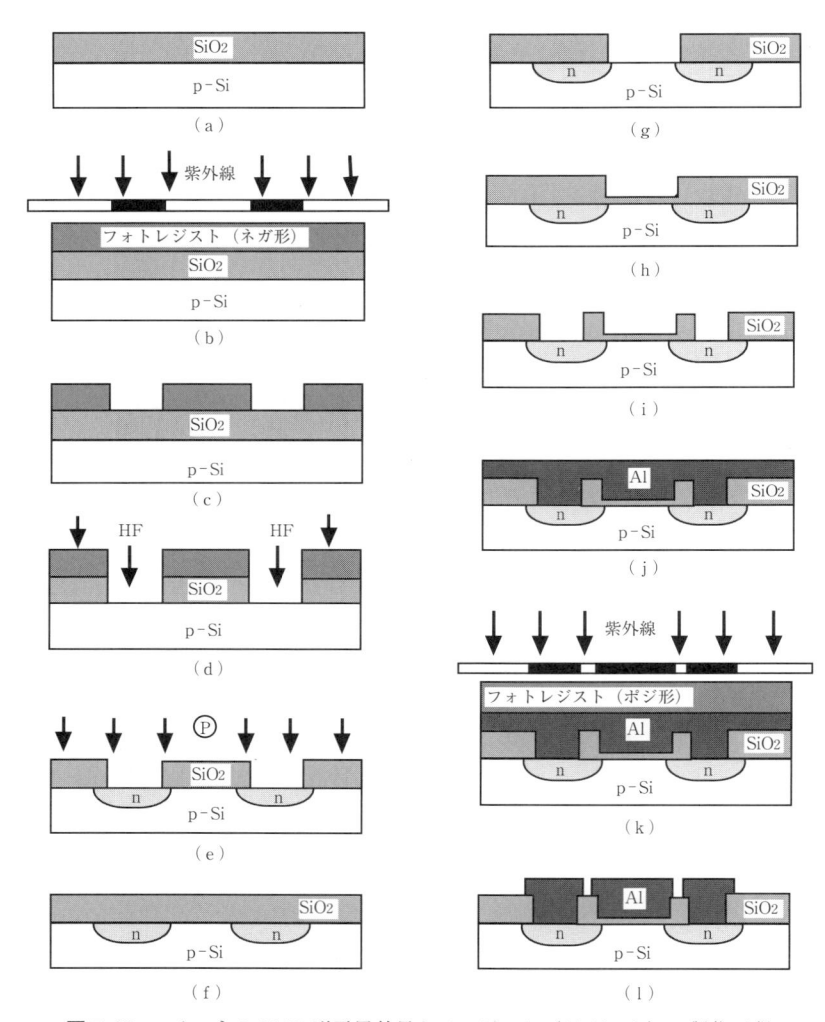

図 7.28 n チャネル MOS 形電界効果トランジスタ（Al ゲート）の製作工程

をはく離すると完成となる（図(k, l)）．

p チャネル MOS 電界効果トランジスタを製作する場合には，n 形 Si 基板を用い，p 形半導体であるソース，ドレイン領域を形成するためには，ホウ素（B）を拡散する．

7.3.4 集積回路の製作工程

ここでは，バイポーラ集積回路とCMOS集積回路の製作手順を述べる．

（a） バイポーラ形集積回路の製作工程

図7.29に，バイポーラ形集積回路の各製作工程における断面図を示す．製作工程は次のとおりである．

① Si全面を酸化する（図(a)）．
② トランジスタおよび抵抗器などの素子を分離するためにリン（P）を選択拡散させてn層をつくる．トランジスタにおいてはここがコレクタ領域になる．基板を最低電位にするとこのpn接合に逆バイアスが加わり，内部に形成された素子が電気的に絶縁される（図(b)）．
③ ベース領域および抵抗を形成するためにホウ素（B）を拡散する（図(c)）．
④ Pの選択拡散によってpnダイオードとnpnトランジスタが形成される（図(d)）．
⑤ 電極を作製するために孔を開ける（図(e)）．
⑥ Al膜蒸着後，部分以外をフォトエッチングで取り去り完成（図(f)）．

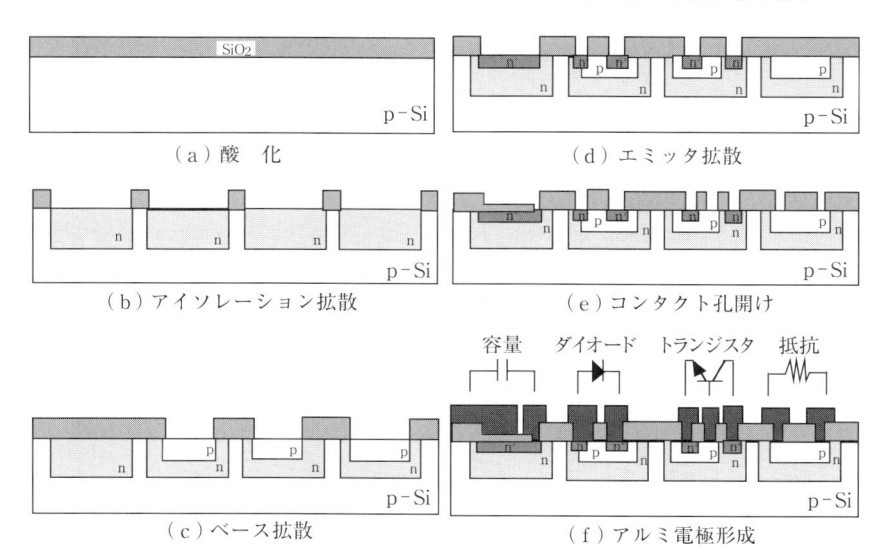

図7.29 バイポーラ集積回路の製作工程

(b) CMOS 集積回路の製作工程

図 7.30 に CMOS 集積回路（LOCOS 構造で素子分離されたポリシリコンゲートの MOSFET）の各製作工程における断面図を示す．製作手順は次のとおりである．

① n チャネル MOSFET と p チャネル MOSFET を同一の基板上（この場合，p形基板を用いる）に形成するために，p形基板の一部にリン（P）などの選択拡散により n 形半導体の領域をつくる．これを n ウェル（n-well）と呼ぶ．その後，ゲート酸化膜として薄い SiO_2 膜を形成する（図(a)）．

② 全面に窒化膜を形成した後，MOSFET を作製する領域のみを残して窒化膜を除去する（図(b)）．

③ 水蒸気酸化により厚い SiO_2 膜を形成する（フィールド酸化）．窒化膜で覆われた部分は保護され，SiO_2 膜は形成されない（図(c)）．

④ 窒化膜除去後，ゲート電極となるポリシリコンを CVD 法で堆積させる（図(d)）．

⑤ フォトレジスト塗布後，p チャネル MOSFET 領域のみを除去し，ホウ素（B）イオン注入によりソース，ドレイン領域を形成する．レジストおよびポリシリコンに覆われた部分へのイオン注入は阻止される（図(e)）．

⑥ 同様に，n チャネル MOSFET 領域のみにリン（P）イオン注入を行ってソース，ドレイン領域を形成する（図(f)）．

⑦ 全面に CVD 酸化膜を堆積させる（図(g)）．

⑧ ソース，ドレイン電極作製のためにコンタクトホール形成と Al 膜の堆積を行う（図(h)）．

⑨ 不要な Al 膜を除去して電極を形成し，最後に保護膜で表面を覆う（図(i)）．

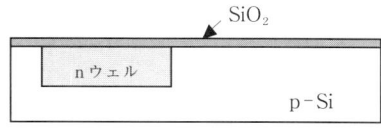

7.3 Si 半導体デバイスの製作方法　*151*

(a) n ウェル形成とゲート酸化

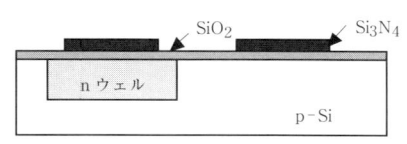

(b) 窒化膜作製とパターニング

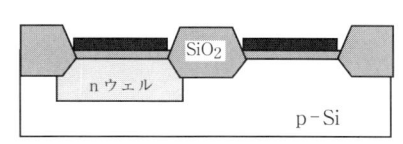

(c) フィールド酸化（LOCOS 構造作製）

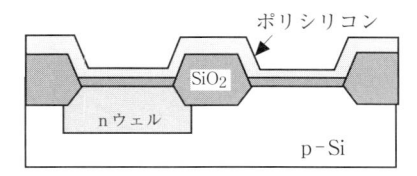

(d) 窒化膜除去とポリシリコン堆積

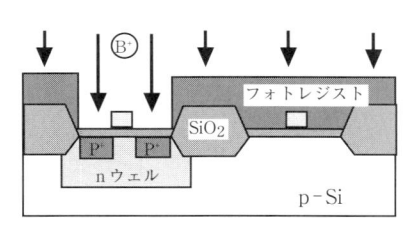

(e) p-MOSFET のドレイン，ソース形成

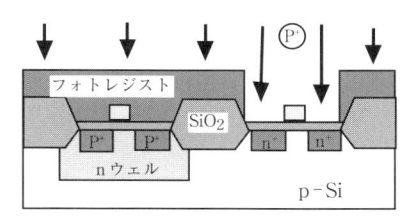

(f) n-MOSFET のドレイン，ソース形成

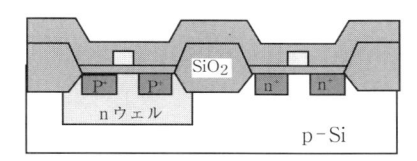

(g) CVD 酸化膜堆積

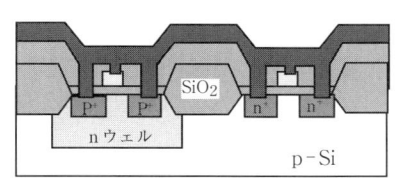

(h) コンタクトホール形成と Al 膜堆積

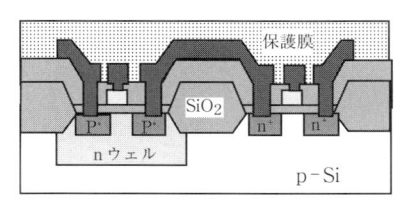

(i) 配線と保護膜の形成

図 7.30 CMOS 集積回路の製作工程（ポリシリコンゲート，LOCOS 分離構造）

演 習 問 題

1. Ge および GaAs 半導体を集積化することが困難である理由を述べよ.
2. 製造プロセスの途中で Si ウェーハ上にパーティクルが付着した. そのままプロセスを続けるとどうなるか検討せよ.
3. p 形基板を用いたバイポーラ集積回路において pnp 形トランジスタを作製する方法を考えよ.
4. 図に示す断面構造の Al ゲート MOSFET のマスクレイアウトを考えよ. また, 作製時のマスク合せの難易度についてポリシリコンゲート MOSFET の場合と比較せよ.

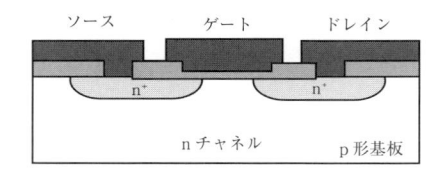

問図1　Al ゲート MOSFET の断面構造

演習問題の解答例

2章

1.

　導体中には自由電子が多数存在し，そのため抵抗率が低くなる．絶縁体の場合は，自由電子がほとんど存在せず，高い抵抗率を示す．半導体の場合は，室温程度の熱エネルギーでも結晶中の一部の結合が切れて自由電子が生成され，これが電気伝導に寄与するため抵抗率は絶縁体より低くなり，一般に金属よりは高い抵抗率を示す．

2.

　式(2.10)，$N_C = 2(2\pi m_n^* \kappa T/h^2)^{3/2}$ より，

$$N_C = 2 \times \{2 \times 3.14 \times 0.33 \times 9.11 \times 10^{-31} \times 300 \times 1.38 \times 10^{-23} / (6.63 \times 10^{-34})^2\}^{3/2}$$

$$\simeq 4.7 \times 10^{24} \, \text{m}^{-3}$$

（より厳密な解析によると Si は間接遷移形の半導体であり，伝導帯の極小点が原点と異なるので，等価な伝導帯の極小点の数 6 を式(2.9)に掛ける必要がある）

　式(2.12)，$N_V = 2(2\pi m_n^* \kappa T/h^2)^{3/2}$ より，

$$N_V = 2 \times \{2 \times 3.14 \times 0.52 \times 9.11 \times 10^{-31} \times 300 \times 1.38 \times 10^{-23} / (6.63 \times 10^{-34})^2\}^{3/2}$$

$$\simeq 9.4 \times 10^{24} \, \text{m}^{-3}$$

（Si の場合，重い正孔と軽い正孔があり，$0.52m_0$ は重い正孔の有効質量である．軽い正孔も含めて考えなければ付録に示す値とは合致しない）

3.

　式(2.16)，$E_F = (E_V + E_C)/2 - (3/4) \cdot \kappa T \ln(m_n^*/m_p^*)$ より，

$$E_F = (E_V + E_C)/2 - 0.75 \times 300 \times 1.38 \times 10^{-23} \times \ln(0.33/0.52)$$

$$\simeq (E_V + E_C)/2 + 1.41 \times 10^{-21} \, \text{J}$$

単位を eV とする場合，κT を $\kappa T/q$ に置き換えて，

$$\simeq (E_V + E_C)/2 + 8.8 \times 10^{-3} \, \text{eV}$$

4.

　式(2.15)において E_g が eV 単位で与えたれているため κT を $\kappa T/q$ に置き換え

て，$n_i = 2(2\pi\kappa T/h^2)^{3/2}(m_n^* \cdot m_p^*)^{3/4}\exp(-E_g \cdot q/2\kappa T)$ より，
$$n_i = 2\times(2\times 3.14\times 1.38\times 10^{-23}\times 300/(6.63\times 10^{-34})^2)^{3/2}(0.33\times 9.11\times 10^{-31}$$
$$\times 0.52\times 9.11\times 10^{-31})^{3/4}\exp\{(-1.1\times 1.6\times 10^{-19}/(2\times 1.38\times 10^{-23}\times 300)\}$$
$$\fallingdotseq 3.9\times 10^{15}\ \mathrm{m}^{-3}$$

(重い正孔しか計算に使われていないため，付録に示す値とは合致しない．)

5．

式(2.19)，$p_o = n_i^2/N_d$ より，
$$p_o = (1.6\times 10^{-16})^2/10^{22}$$
$$\fallingdotseq 2.56\times 10^{10}\ \mathrm{m}^{-3}$$

6．

式(2.18)，$E_F = E_C - \kappa T\ln(N_C/N_d)$ より，
$$E_F = E_C - 1.38\times 10^{-23}\times 300\times\ln(2.8\times 10^{25}/10^{22})$$
$$\fallingdotseq E_C - 3.3\times 10^{-20}\ \mathrm{J}\ \text{または，}\ E_C - 0.21\ \mathrm{eV}$$

7．

式(2.25)より，$\tau_n = m_n^*\mu_n/q$ と変形して，
$$\tau_n = 0.33\times 9.11\times 10^{-31}\times 0.15/1.6\times 10^{-19}$$
$$\fallingdotseq 2.8\times 10^{-13}\ \mathrm{s}$$

8．

式(2.33)より，$\rho_n = 1/qn\mu_n$
$$\rho_n = 1/(1.6\times 10^{-19}\times 10^{22}\times 0.15)$$
$$\fallingdotseq 4.2\times 10^{-3}\ \Omega\cdot\mathrm{m}$$

9．

電子と正孔によるホール電圧は互いに逆向きになるので，キャリア濃度の違いにより両者の差の電圧がホール電圧として検出されることになる．

10．

式(2.46)において，$t = 2\tau_n$ とおいて計算すると電子濃度は初期の e^{-2} 倍になることがわかる．よって，$e^{-2}\fallingdotseq 0.135$，13.5%

11．

本文2.4節を参考にして，間接再結合過程を説明すること．

3章

1．

式(3.2)，$V_d = (\kappa T/q)\cdot\ln(N_a N_d/n_i^2)$ より，
$$V_d = (1.38\times 10^{-23}\times 300/1.6\times 10^{-19})\cdot\ln\{10^{22}\times 10^{21}/(1.6\times 10^{-16})^2\}$$

$$\fallingdotseq 0.63 \text{ V}$$

2.

式(3.13)より,$J_s = q(D_p p_n/L_p + D_n n_{p0}/L_n)$ であり,p_n と n_p はそれぞれ,

$$p_n = n_i^2/N_d = (1.6 \times 10^{-16})^2/10^{22} \fallingdotseq 2.56 \times 10^{10} \text{ m}^{-3}$$
$$n_p = n_i^2/N_a = (1.6 \times 10^{-16})^2/10^{21} \fallingdotseq 2.56 \times 10^{11} \text{ m}^{-3}$$

また,拡散距離 L_p と L_n は式(3.6)よりそれぞれ,

$$L_p = \sqrt{(D_p \tau_p)} = \sqrt{(13 \times 10^{-4} \times 100 \times 10^{-6})} = 3.6 \times 10^{-4} \text{ m}$$
$$L_n = \sqrt{(D_n \tau_n)} = \sqrt{(34 \times 10^{-4} \times 100 \times 10^{-6})} = 5.8 \times 10^{-4} \text{ m}$$
$$J_S = 1.6 \times 10^{-19} \times (13 \times 10^{-4} \times 2.56 \times 10^{10}/3.6 \times 10^{-4} + 34 \times 10^{-4}$$
$$\times 2.56 \times 10^{11}/5.8 \times 10^{-4})$$
$$\fallingdotseq 2.5 \times 10^{-7} \text{ A/m}^2$$

3.

式(3.13),$J = J_s\{\exp(qV/\kappa T) - 1\}$ より,

$$J = 2.5 \times 10^{-7} \times \exp\{(1.6 \times 10^{-19} \times 0.6)/(1.38 \times 10^{-23} \times 300) - 1\}$$
$$\fallingdotseq 3.0 \times 10^3 \text{ A/m}^2$$

4.

式(3.27),$W = \sqrt{\{2\varepsilon_s(N_a + N_d)(V_d + V_R)/qN_a N_d\}}$ より,

$$W = \{2 \times 12 \times 8.85 \times 10^{-12} \times (10^{21} + 10^{22}) \times (0.63 + 1)/$$
$$(1.6 \times 10^{-19} \times 10^{21} \times 10^{22})\}^{1/2}$$
$$\fallingdotseq 1.5 \times 10^{-6} \text{ m}$$

5.

解図1のように,正孔に対してショットキー障壁ができるため,整流特性を示すようになる.

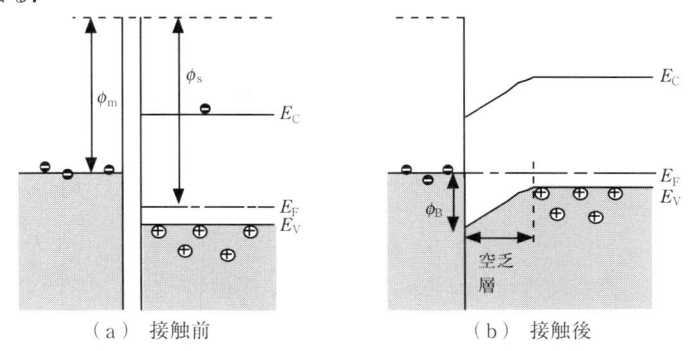

（a） 接触前　　　　　　　　（b） 接触後

解図 1　金属と p 形半導体とのショットキー接触のエネルギー帯図

6.

解図 2 のように，価電子帯において正孔に対する障壁がないのでオーム接触となる．

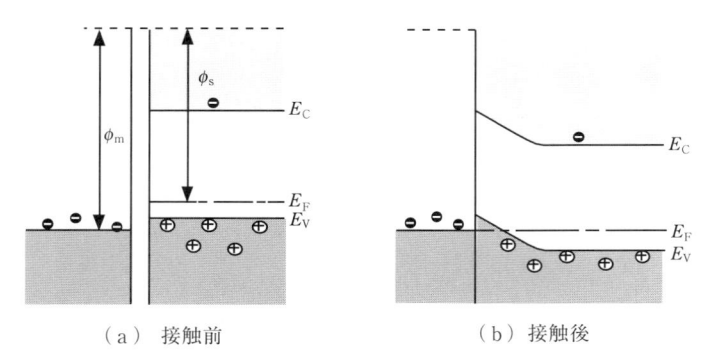

(a) 接触前   (b) 接触後

解図 2 金属と p 形半導体とのオーム接触のエネルギー帯図

4章

1.

式 (4.3)，$\beta = \alpha/(1-\alpha)$ より，

$\beta = 0.99/(1-0.99)$
$\quad \fallingdotseq 99$

2.

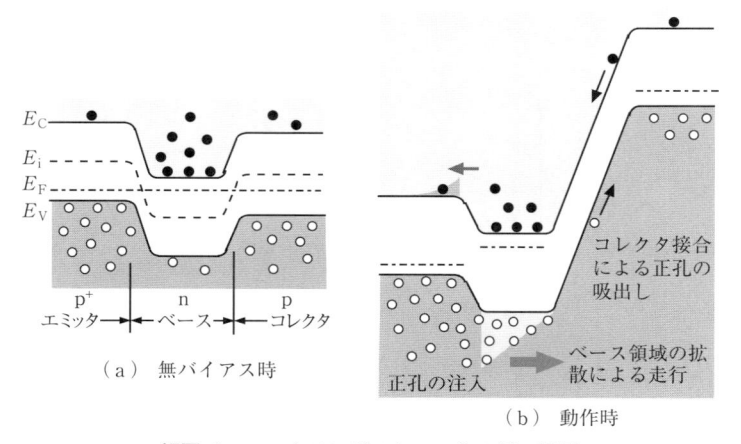

(a) 無バイアス時   (b) 動作時

解図 3 pnp トランジスタのエネルギー帯図

3.
式(4.11), $\alpha = \{1-(1/2)\cdot(w/L_n)^2\}/(1+\sigma_B w/\sigma_E L_p)$ より,
$w \ll L_n$, $w \ll L_p$ となるようにベース幅を薄くし,さらに,$\sigma_B \ll \sigma_E$ となるようにエミッタ領域の不純物濃度をベース領域と比較して高くなるように設計すればよい.

4.
バイポーラトランジスタはnpnまたはpnp構造によりつくられるのでエミッタ端子とコレクタ端子を入れ換えてもまったく動作しないわけではないが,エミッタ注入効率やベース輸送効率が極端に悪くなるので,数倍程度の増幅率となる.また,出力の耐圧が低下し,周波数特性が悪化するなどが考えられる.

5.
身近な例では照明の調光器に電力制御デバイスが用いられている.ゲート信号のタイミング制御により照明の明るさを可変にしている.そのほか,電気カーペットなどの温度制御にも用いられている.

5章

1.
(1) 本文中より $C_{ox} = \varepsilon_{ox}\varepsilon_0/x_{ox}$,
$$C_{ox} = 8.85 \times 10^{-12} \times 3.8/10^{-7}$$
$$\fallingdotseq 3.4 \times 10^{-4} \text{ F/m}^2$$

(2) 式(5.6), $x_{dMAX} = 2\sqrt{(\varepsilon_S\varepsilon_0 V_f/qN_a)}$
$$x_{dMAX} = 2 \times \{12 \times 8.85 \times 10^{-12} \times 0.35/(1.6 \times 10^{-19} \times 10^{22})\}^{1/2}$$
$$\fallingdotseq 3.0 \times 10^{-7} \text{ m}$$

(3) 空乏層部分の容量は,$C_d = \varepsilon_S\varepsilon_0/x_{dMAX}$
$$C_d = 12 \times 8.85 \times 10^{-12}/3.0 \times 10^{-7} \fallingdotseq 3.5 \times 10^{-4} \text{ F/m}^2$$
式(5.10)より,$C = C_{ox}C_d/(C_{ox}+C_d)$
$$C = 3.4 \times 10^{-4} \times 3.5 \times 10^{-4}/(3.4 \times 10^{-4} + 3.5 \times 10^{-4})$$
$$\fallingdotseq 1.7 \times 10^{-4} \text{ F/m}^2$$

(4) 式(5.9), $V_T = qN_a x_{dMAX}/C_{ox} + 2V_f$ より,
$$V_T = 1.6 \times 10^{-19} \times 10^{22} \times 3.0 \times 10^{-7}/3.4 \times 10^{-4} + 2 \times 0.35$$
$$\fallingdotseq 2.2 \text{ V}$$

2.
(1) 式(5.16), $g = W/L \cdot \{\mu_n C_{ox}(V_G - V_T)\}$ よりチャネルコンダクタンスは,
$$g = 10 \times 10^{-6}/1 \times 10^{-6} \cdot \{0.07 \times 3.4 \times 10^{-4} \times (5-2.2)\}$$
$$\fallingdotseq 6.6 \times 10^{-4} \text{ A/V}$$

式(5.23), $g_m = W/L \cdot \mu_n C_{ox} V_D$ より相互コンダクタンスは,

$g_m = 10 \times 10^{-6}/1 \times 10^{-6}\{0.07 \times 3.4 \times 10^{-4} \times 0.1\}$

$\fallingdotseq 2.3 \times 10^{-5}$ A/V

(2) 本文中より $V_P = V_G - V_T$,

$V_P = 5 - 2.2 = 2.8$ V

(3) 式(5.22), $I_{Dmax} = W/(2L) \cdot \mu_n C_{ox} (V_G - V_T)^2$ より,

$I_{Dmax} = 10 \times 10^{-6}/2 \times 1 \times 10^{-6} \cdot \{0.07 \times 3.4 \times 10^{-4} \times (5-2.2)^2\}$

$\fallingdotseq 9.2 \times 10^{-4}$ A

3.

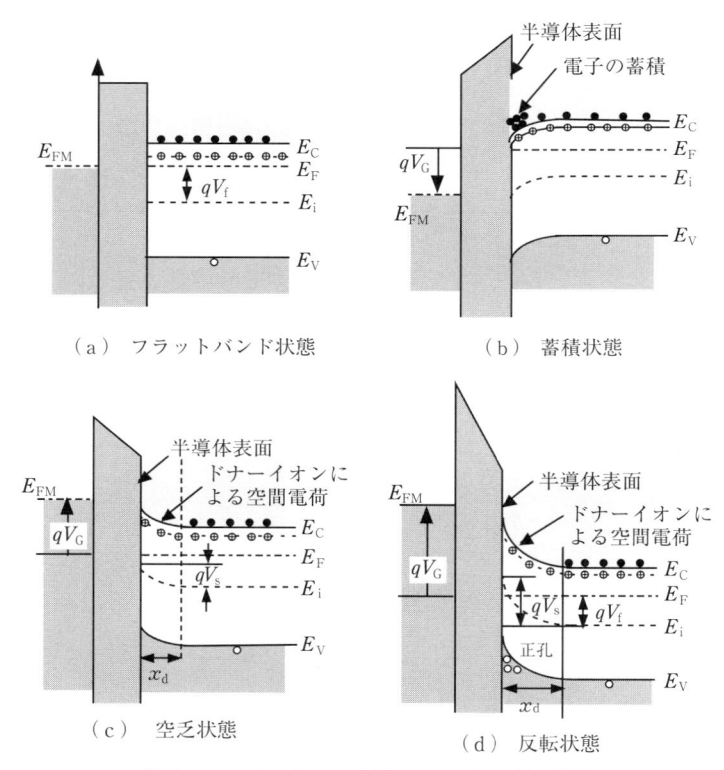

(a) フラットバンド状態

(b) 蓄積状態

(c) 空乏状態

(d) 反転状態

解図 4 pチャネル MOSFET のエネルギー帯図

6章

1.
　MOS形集積回路は，バイポーラ形集積回路に比べ，一般に消費電力が小さく，高集積化できるのが利点であり，バイポーラ集積回路と比較して動作速度は遅いのが欠点である．
　しかし，高集積化に伴ってゲート容量や配線容量が低減できることから動作速度向上が期待でき，また高速動作における発熱をバイポーラ集積回路と比べて抑えられることから，論理集積回路においてはMOS形集積回路のほうが広く用いられている．

2.
　パーソナルコンピュータの主記憶装置には，大容量，低価格が望まれるのでDRAMが使われる．メモリ数チップをまとめて基板に実装したメモリモジュールが使われている．実装形態や方式の違いにより，SIMM (single inline memory module)，DIMM (dual inline memory module)，RIMM (rambus inline memory module) などの規格がある．

3.
　たいていのディジタルカメラでは記憶素子としてフラッシュメモリが使われている．カードまたはスティックタイプのパッケージに収納され，着脱可能となっている．記憶容量としては，4 MB，8 MB，…，1 GMBの製品が流通している．

4.
　一般的なパーソナルコンピュータは，マザーボードと呼ばれる基板に各種部品を接続した構成となっている．マザーボード上の主要なLSIとしては，チップセットがある．チップセットは，マイクロプロセッサとメモリとのインタフェースを担うLSI（ノースブリッジまたはメモリコントロールハブ）と，低速デバイスや拡張カードなどのI/Oとのインタフェースを担うLSI（サウスブリッジまたはI/Oコントロールハブ）の2個組で構成される．
　また，キャッシュメモリと呼ばれる高速なSRAMもマザーボード上に配置されている．マザーボードに装着する主要な構成部品としてのLSIは，マイクロプロセッサ（またはCPU），D-RAMにより構成された主メモリモジュールなどがある．

7章

1.
　Si 半導体において熱酸化膜は，良好な界面特性をもつ絶縁膜であり，フォトリソグラフィのためのマスクとしても用いられるが，このような格好の物質が Ge や GaAs には発見されていないために集積化が比較的困難である．

2.
　フォトリソグラフィ工程においては，パーティクルが影をつくり正常なマスクパターンを転写できなくなるため不良の原因となる．また，成膜工程においてパーティクルが存在すれば膜に欠損をつくったりする．酸化や拡散工程においては，拡散領域の不良を招いたり，高温によってパーティクルが汚染源になる可能性もある．配線作製においては断線または短絡の原因となる．

3.
　通常の集積回路工程を増やすことなく作製できる pnp 形トランジスタには，サブストレート形 pnp トランジスタとラテラル形 pnp トランジスタの 2 種類がある．サブストレート形は，解図 5(a) のように基板をコレクタとし，アイソレーションの n 形層をベース，ベース拡散の p 形層をエミッタとするものである．コレクタが基板に接続されてしまうため回路的な制約を受けるが特性はよい．ラテラル形は，図(b)のように n 形のアイソレーション内にベース拡散によりつくられた p 形領域を横方向に用いて pnp トランジスタとするもので，特性は悪いが回路的な制約がない．

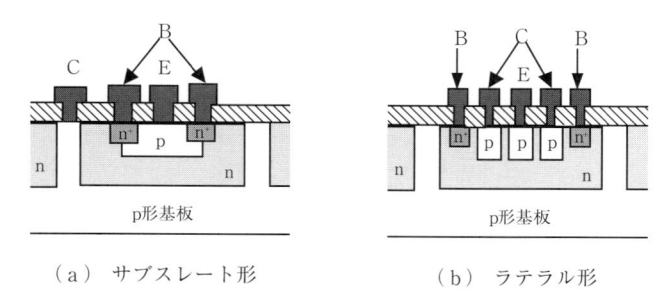

（a）サブストレート形　　　（b）ラテラル形

解図 5　pnp 形トランジスタの作製方法

4.
　解図 6(a) の断面構造をもつ Al ゲート MOSFET のレイアウト例を解図 6(b) に示す．同レイアウトをネガレジストを用いて作製する場合のマスクパターン構成は解図 6(c)〜解図 6(f) である．

作製時のマスク合せについて，最も重要なのはソース，ドレイン拡散パターンとゲート酸化膜パターンとのマスク合せである．図(b)のレイアウトに示すようにマスク合せ余裕は δ だけあるが，これ以上のずれが生じると，ソースまたはドレインとゲート領域が重ならなくなり原理的に MOSFET は動作しない．ほかの領域のマスク合せについてもそれぞれマスク合せ余裕に限界がある．

ポリシリコンゲート MOSFET のマスク合せについては，原理的に Al ゲート MOSFET より拡散領域とゲート最も重要な拡散領域とゲートのマスク合せが原理的に不要である．ポリシリコンゲートを拡散マスクとして用いてソース，ドレイン領域形成するため，自動的に合せがとれる自己整合（self-align）構造となっている．

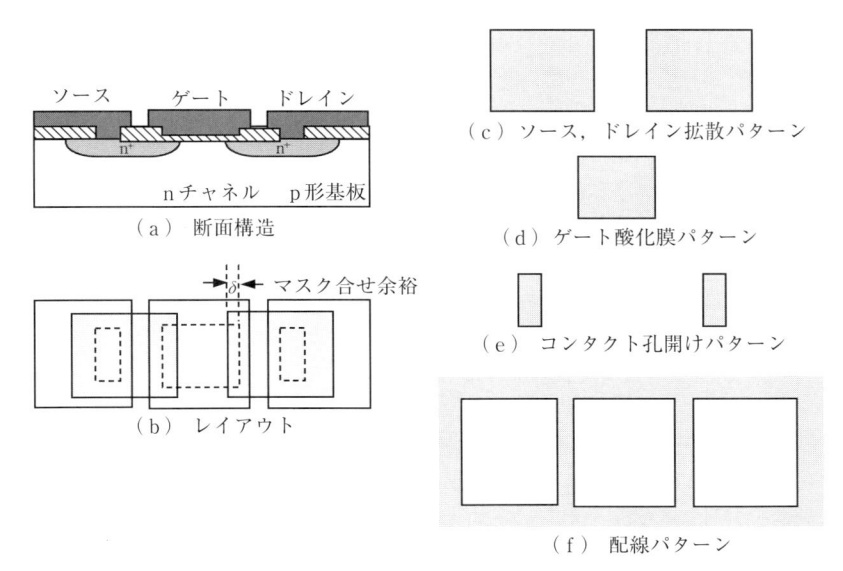

解図 6 Al ゲート MOSFET の断面構造，レイアウト，およびマスクパターン（ネガ形レジスト）

参 考 文 献

1) G.K.Konstadinidis et al., *IEEE Journal of Solid-State Circuit,* vol.37, No.11, pp.1461-1469(2002)
2) 中村哲郎校閲，根本邦治，岩木龍一，大山英典『半導体デバイス入門』森北出版(1991)
3) 古川静二郎，雨宮好仁編著『シリコン系ヘテロデバイス』丸善(1991)
4) 國岡昭夫，上村喜一『基礎半導体工学』朝倉書店(1985)
5) 三菱電機株式会社 技術研修所編『わかりやすい半導体デバイス』オーム社(1996)
6) 高橋清『半導体工学(第2版)』森北出版(1993)
7) 宮井幸男『集積回路技術の基礎』森北出版(1991)
8) 中嶋堅志郎編著『半導体工学』オーム社(1999)
9) 末松安晴『光デバイス』コロナ社(1985)
10) 相川正義，大平孝，徳満恒雄，広田哲夫，村口正弘『モノリシックマイクロ波集積回路（MMIC）』電子情報通信学会(1997)
11) 上田大助，伊藤国雄，松井康，太田順道，石川修，田中毅『高周波・光半導体デバイス』電子情報通信学会(1999)
12) 中村哲郎，内丸清『固体発光素子とその応用』産報(1971)
13) 古川静二郎『半導体デバイス』コロナ社(1982)
14) 久保征治『BiCMOS技術』電子情報通信学会(1990)
15) 桜庭一郎『半導体デバイスの基礎』森北出版(1992)
16) 渡辺英夫『半導体工学』コロナ社(2001)
17) 古川静二郎，荻野陽一郎，浅野種正『電子デバイス工学』森北出版(1990)
18) 宮入圭一，中村修平『固体電子工学』森北出版(1994)
19) 柳井久義，永田穰『集積回路(1)』コロナ社(1979)
20) 柳井久義，永田穰『集積回路(2)』コロナ社(1979)
21) 中村哲郎，石田誠，臼井支郎『集積回路技術の実際』産業図書(1987)
22) A. S. Grove：*Physics and Technology of Semiconductor Devices*, John Wiley&Sons Inc.(1967)

23) S. M. Sze：*Physics of Semiconductor Devices, Second edition*, John Wiley & Sons Inc. (1981)
24) R. S. Muller, T. I. Kamins：*Devices Electronics for Integrated Circuit*, John Wiley & Sons Inc. (1977)
25) 菅野卓雄, 川西剛監修『半導体大辞典』工業調査会(1999)
26) 柳井久義『半導体ハンドブック（第2版)』オーム社(1981)
27) 理科年表　2002年度版

さくいん

〈英　字〉

Bi－CMOS 集積回路 ……………………109
CAD ……………………………………111
CMOS 集積回路 ……………106, 107, 149
CMP ……………………………………136
CVD ……………………………122, 133
CZ 法 ……………………………………117
DRC ……………………………………114
ECL 集積回路 ………………………103, 105
ERC ……………………………………114
FET ………………………………………1
FZ 法 ……………………………………118
GaAs（ガリウムヒ素） ……………………7
GaN ………………………………………8
GaP ………………………………………7
G/W ……………………………………142
HBT ……………………………………76
HEMT ………………………………80, 99
high－k …………………………………136
IC パッケージ …………………………141
InP ………………………………………8
IP ………………………………………111
JFET ………………………………80, 95
LOCOS ……………………………105, 150
low－k …………………………………136
LSI ……………………………………102
LVS ……………………………………114
MCZ 法 …………………………………118
MESFET ……………………………80, 98
MOS 形集積回路（IC）
　………………………………3, 102, 105
MOSFET ………………………………80
n 形半導体 ………………………………10
p 形半導体 ………………………………10
pn 接合 …………………………………41
RAM ……………………………………107
RC 遅延 …………………………………136
RCA 洗浄 ………………………………120
ROM ……………………………………107
STI ……………………………………137
TEG ……………………………………114
TTL 集積回路 ………………………103, 104

〈あ　行〉

アクセプタ ………………………………11
　──準位 ………………………………22
浅い準位 …………………………………37
後工程 …………………………………115
暗電流 …………………………………62
イオン化 …………………………………22
　──エネルギー ………………………22
　──領域 ………………………………24
イオン注入（法） ……………………130, 132
移動度 …………………………………26
ウェットエッチング …………………128
ウェル ……………………………132, 150
エアシャワー …………………………117

さくいん　165

エキシマレーザ …………………135
エネルギー準位 …………………13
エネルギー帯 ……………………15
エピタキシャル成長 ……………130
エミッタ …………………………68
　──効率 ………………………72
　──接合 ………………………69
　──接地 …………………69, 75
　──接地電流増幅率 …………72
　──電流 ………………………71
エンハンスメント形 ……………93
オーム性接触 ……………………57
オリエンテーションフラット …119

〈か　行〉

階段接合 …………………………50
拡散 ………………………………32
　──距離 ………………………46
　──定数 ………………………33
　──電位 ………………………44
　──電流 ……………33, 49, 71
　──方程式 ……………………37
化合物半導体 ……………………7
片側階段接合 ……………………53
活性化エネルギー ………………34
価電子 ……………………………8
　──帯 …………………………15
間接再結合 ………………………38
基底準位 …………………………13
基底状態 …………………………13
気密封止法 ………………………140
逆接続領域 ………………………76
逆方向バイアス …………………47
逆方向飽和電流密度 ……………48

キャリア …………………………9
　──寿命 ………………………36
　──の蓄積 ……………………82
　──の注入 ……………………46
　──密度 ………………………17
共晶 ………………………………138
共有結合 …………………………8
許容準位 …………………………17
許容帯 ……………………………15
キルビー特許 ……………………3
禁制帯 ……………………………15
　──幅 ……………………15, 64, 76
空間電荷層 ………………………42
空乏近似 …………………………50, 88
空乏層 …………………39, 42, 83
　──幅 …………………………52
　──容量 ………………50, 61, 87
クリーンルーム …………………115
傾斜接合 …………………………54
ケイ素 ……………………………117
ゲート ……………………………90
　──絶縁膜 ……………………136
結晶構造 …………………………8
検査工程 …………………………142
元素半導体 ………………………7
格子欠陥 …………………………37
格子定数 …………………………8
格子振動散乱 ……………………28
光電流 ……………………………62
降伏 ………………………………54
降伏電圧 …………………………54
コレクタ …………………………68
　──効率 ………………………72
　──接合 ………………………69

——接地 …………………………69
　　——電流 …………………………71
コンタクトホール …………………137

〈さ　行〉

再結合 …………………………………34
　　——（過程）…………………10, 34
　　——中心 …………………………38
　　——電流 ……………………35, 50
サイリスタ ……………………………77
サブストレート形 pnp トランジスタ
　　…………………………………160
酸化工程 ……………………………122
酸窒化膜 ……………………………136
散乱断面積 ……………………………28
しきい値電圧 …………………………88
自己整合構造 ………………………161
仕事関数 ………………………………56
シミュレーション …………………112
遮断領域 ………………………………76
集積回路 ………………………2, 101
自由電子 ………………………………9
順方向バイアス ………………………45
少数キャリア …………………………10
状態密度 ………………………………17
蒸着 …………………………………133
ショットキー接触 …………56, 98
真性キャリア密度 …………10, 20
真性半導体 ……………………………9
真性領域 ………………………………25
水蒸気酸化 …………………………122
スクリーニング ……………………142
ステッパ装置 ………………………127
スパッタリング ……………………133

スピン …………………………………13
スピンナ ……………………………126
正孔 ……………………………………9
成膜 …………………………………133
　　——工程 ………………………133
整流作用 …………………………44, 57
絶縁体 …………………………………6
接合形 …………………………………1
線形領域 …………………………93, 97
洗浄工程 ……………………………119
選択拡散 ……………………………131
相互コンダクタンス …………………95
挿入実装 ……………………………141
ソース …………………………………90

〈た　行〉

ダイオード ……………………………41
ダイシング工程 ……………………137
ダイヤモンド構造 ……………………8
太陽電池 ………………………………62
ダウンフロー方式 …………………115
多結晶 ……………………………105, 117
多数キャリア …………………………10
多層配線 ……………………………137
立ち上がり電圧 ………………………48
ダマシンプロセス …………………137
単結晶 ………………………………117
蓄積層 …………………………………82
窒化膜 ……………………………136, 150
チャネル ………………………………90
　　——コンダクタンス ……………90
中性領域 ………………………………50
超純水 ………………………………120
直接再結合 ……………………………37

ツェナー降伏 ………………………………54
ツェナーダイオード ………………………54
ディジタル集積回路 ……………………102
定電圧ダイオード …………………………62
デザインルール …………………………113
デプレッション形 …………………………93
電位障壁 ……………………………………43
電子 …………………………………………8
　　──親和力 ………………………………56
点接触形 ……………………………………1
伝導帯 ………………………………………15
導体 …………………………………………6
ドーピング（ドープ）………………10, 130
ドナー ………………………………………11
　　──準位 ………………………………21
ド・ブロイの関係 …………………………12
トライアック ………………………………77
ドライエッチング ………………………128
ドライ酸化 ………………………………122
ドライ洗浄 ………………………………121
トランジスタ ………………………………1
トランスファーモールド法 ……………141
ドリフト速度 ………………………………26
ドリフト電流 ………………………………28
ドレイン ……………………………………90
トンネル効果 ………………………………55
トンネル電流 ………………………………59

〈な 行〉

なだれ降伏（増倍）……………………54, 77
二酸化シリコン膜 ………………………122
2次元電子ガス層 …………………………99
熱酸化 ……………………………………122
熱平衡状態 …………………………………20

能動領域 ……………………………………75
ノッチ ……………………………………119

〈は 行〉

パーティクル ……………………………115
ハードウェア記述言語 …………………111
バーンイン ………………………………142
バイポーラ形集積回路 ……………102, 149
バイポーラトランジスタ …………………68
パウリの排他律 ……………………………18
発光ダイオード ……………………………64
発生 …………………………………………34
反転層 ………………………………… 39, 85
半導体 ………………………………………6
　　──メモリ …………………………107
ビアホール ………………………………137
光起電力 ……………………………………63
非気密封止法 ……………………………141
表面実装 …………………………………141
表面準位 ……………………………………39
ピンチオフ（電圧）………………………92
封入工程 …………………………………140
フェルミ準位 ………………………………18
フェルミ分布関数 …………………………18
フォトダイオード …………………………62
フォトマスク ……………………………124
フォトリソグラフィ工程 ………………124
フォトレジスト …………………………125
深い準位 ……………………………………37
不純物拡散工程 …………………………129
不純物散乱 …………………………………28
不純物準位 …………………………………37
不純物半導体 ………………………………10
歩留り ……………………………………142

フラッシュメモリ	108
フラットバンド電圧	89
プランク定数	12
ブレークオーバー電圧	78
プレーナ特許	2
フロアプランニング	114
プローブカード	142
平均緩和時間	26
平均自由行程	26
ベース	68
——接地	69
——接地電流増幅率	72
——電流	71
——輸送効率	72
ヘテロ接合	65, 99
ポアソンの方程式	51
飽和領域	25, 75, 93, 97
ボーアの水素モデル	12
ホール係数	31
ホール効果	30
ホール電圧	31
捕獲中心	38
ホットエレクトロン	108, 136
ポリシリコンゲート	105, 113, 150
ボルツマン定数	18
ボンディング工程	139

〈ま 行〉

マイクロプロセッサ	3
マウント工程	138
前工程	115

〈や 行〉

有効質量	16
有効状態密度	19
誘導放出	66
ユニポーラデバイス	80
陽極酸化	122
弱い反転状態	85, 87

〈ら 行〉

ラテラル pnp トランジスタ	160
リードフレーム	138
理想係数	49
リニア集積回路	102, 103
量子数	13
レイアウト設計	112
励起状態	13
レーザ	65
レチクル	124
ローレンツ力	31
露光	127, 135

〈わ 行〉

ワイヤボンディング	139
ワイヤレスボンディング	139

校 閲 者 略 歴
安田　幸夫（やすだ・ゆきお）
　1965 年　名古屋大学大学院修士課程修了
　1965 年　東芝株式会社入社
　1973 年　工学博士
　1980 年　豊橋技術科学大学教授
　1986 年　名古屋大学大学院工学研究科教授
　2004 年　高知工科大学総合研究所教授
　　　　　名古屋大学名誉教授
　専門分野　半導体材料物性，シリコン集積技術，薄膜工学

　　　　著 者 略 歴
大山　英典（おおやま・ひでのり）
　1982 年　豊橋技術科学大学修士課程修了
　1991 年　熊本電波高専助教授．工学博士
　1992 年　文部科学省長期在外研究員（IMEC，ベルギー）
　1993 年　IMEC 客員研究員
　2000 年　熊本電波高専教授
　2009 年　熊本高等専門学校教授
　専門分野　半導体デバイスの放射線損傷機構

葉山　清輝（はやま・きよてる）
　1991 年　豊橋技術科学大学修士課程修了
　1991 年　熊本電波高専助手
　1997 年　博士（工学）
　2000 年　熊本電波高専助教授（2007 年より准教授）
　2003 年　文部科学省長期在外研究員（IMEC，ベルギー）
　2012 年　熊本高等専門学校教授
　専門分野　シリコンデバイス，半導体デバイスの放射線損傷機構

半導体デバイス工学　　　Ⓒ　安田幸夫・大山英典・葉山清輝　2004

2004 年 3 月 30 日　第 1 版第 1 刷発行　　【本書の無断転載を禁ず】
2024 年 2 月 10 日　第 1 版第 11 刷発行

校 閲 者　安田幸夫
著　　者　大山英典・葉山清輝
発 行 者　森北博巳
発 行 所　森北出版株式会社
　　　　　東京都千代田区富士見 1-4-11（〒102-0071）
　　　　　電話 03-3265-8341／FAX 03-3264-8709
　　　　　https://www.morikita.co.jp/
　　　　　日本書籍出版協会・自然科学書協会　会員
　　　　　JCOPY ＜(一社)出版者著作権管理機構　委託出版物＞

落丁・乱丁本はお取替え致します　　印刷／壮光舎印刷・製本／協栄製本

Printed in Japan／ISBN978-4-627-77271-7

MEMO

MEMO

付表3 電子物性に関する発明および発見

年　代	事　項	名　前（生国）
1850	光速度測定による波動説証明	フーコー（仏）
1858	陰極線の蛍光作用，磁気偏曲	プリュッカー（独）
1861	光の電磁波説	マクスウェル（英）
1869	陰極線の直進性	ヒットルフ（独）
1884	エジソン効果（熱電子）	エジソン（米）
1885	水素スペクトル系列の公式	バルマー（スイス）
1886	陰極線	ゴルトシュタイン（独）
1887	光電効果	ヘルツ（独）
1887	マイケルソン-モーリーの実験	マイケルソン（米），モーリー（米）
1890	スペクトル公式	リュードベリ（スウェーデン）
1895	X線	レントゲン（独）
1895	陰極線が負電荷を運ぶことの証明	ペラン（仏）
1897	電子の存在確認	J.J.トムソン（英）
1900	輻射論，作用量子	プランク（独）
1900	金属電子論	ドルーデ（独）
1901	熱電子	リチャードソン（英）
1903	電子の質量の速度による変化	カウフマン（独）
1905	光量子仮説	アインシュタイン（独）
1907	陽極線分析	J.J.トムソン（英）
1909	油滴法による電子電荷の測定	ミリカン（米）
1911	原子核の存在	ラザフォード（英）
1912	結晶によるX線の回折	ラウエ（独）
1913	原子構造の量子論	N.ボーア
1915	水素スペクトルの微細構造理論	ゾンマーフェルト（独）
1922	コンプトン効果	コンプトン（米）
1923	物質波概念	ド・ブロイ（仏）
1924	ボーズ-アインシュタイン統計	ボーズ（印） アインシュタイン（独）
1925	電子スピン	ハウトシュミット（蘭） ユーレンベック（蘭）
1925	排他原理	パウリ（オーストリア）
1926	波動力学	シュレーディンガー（独）
1926	フェルミ統計	フェルミ（伊）
1927	電子線の回折	デヴィソン（米），ジャーマー（米）
1928	金属電子の量子論	ブロッホ（スイス）
1928	トンネル効果	ガモフ（旧ソ連）
1931	半導体の理論	A.H.ウィルソン（英）
1938	電子顕微鏡	クルノ（独），ルスカ（独）
1948	トランジスタ	ショックレー（米），ブラッテン（米），バーディーン（米）
1958	半導体におけるトンネル効果	江崎（日）
1960	レーザの製作	マイマン（米）
1969〜73	非晶質の電子論	モット（英）
1980	量子ホール効果の発見	フォン・クリッティング（独）ら
1981	走査トンネル電子顕微鏡	ビニッヒ，ローラー（スイス）
1986	酸化物超伝導体の発見	ベドノルツ，ミュラー（スイス）

（理科年表2002年版より抜粋）